Daniel Zanetti

W0233007

1001 Tipps
zur Mitarbeitermotivation

Daniel Zanetti

1001 Tipps
zur Mitarbeitermotivation

Verblüffende Ideen für einen
motivierenden Geschäftsalltag

3. Auflage

REDLINE WIRTSCHAFT

Bibliografische Information der Deutschen Nationalbibliothek
Die Deutsche Nationalbibliothek verzeichnet diese Publikation in der Deutschen Nationalbibliografie. Detaillierte bibliografische Daten sind im Internet über http://dnb.d-nb.de abrufbar.

ISBN 13: 978-3-636-01537-2

Unsere Web-Adresse:
www.redline-wirtschaft.de

3. Auflage 2002© 2002, 2006 by Redline Wirtschaft, Redline GmbH, Heidelberg.
Ein Unternehmen von Süddeutscher Verlag I Mediengruppe.

Umschlaggestaltung: ZERO Werbeagentur GmbH, München
Satz: Redline GmbH, S. Wilhelmer
Druck- und Bindearbeiten: Pustet, Regensburg
Printed in Germany

INHALTSVERZEICHNIS

Inhaltsverzeichnis

Inhaltsverzeichnis

VORWORT

Liebe Leser,

schon früh habe ich erkannt, dass jeder Mensch für das, was er ist, und für das, was er leistet, Anerkennung braucht. Anerkennung gehört zum Berufsleben wie die Butter aufs Brot und vermittelt die Lust, überall das Beste hervorzubringen.

Als Hotelier war mir klar, dass ich nur mit einem Team, dem ich volles Vertrauen schenke, ein gutes Arbeitsklima erzeugen kann. Meine Mitarbeiter für meine Vision zu begeistern war vorrangig. Herzlichkeit, Offenheit, Freude und Anerkennung lassen die besten Kräfte frei werden.

Unser Ziel war es, das beste und erfolgreichste Hotel der Schweiz zu werden – und wir haben dieses Ziel übertroffen! Übertroffen deshalb, weil heute Führungskräfte, die im *Albergo Giardino* gearbeitet haben, selbst sehr erfolgreiche Hotelmanager geworden sind.

Junge Menschen in ihrer Entwicklung gefördert und mit ihnen zusammen meine Gäste glücklich gemacht zu haben, ist das, worauf ich stolz bin und was meinem Leben Sinn gegeben hat. Andere zu motivieren, besser zu werden als ich selbst, war die Kunst, meine Schwächen auszugleichen.

Ich wusste, wenn man sich auf Lorbeeren ausruht und glaubt, alles zu wissen, dann schafft man sich Stolpersteine auf dem Weg zum Erfolg. Hingegen ist die ständige Bereitschaft, etwas Neues zu lernen und zu wagen, die Voraussetzung für erfolgreiches Handeln. In diesem Sinn bietet das Buch «Der Wandel vom CEO zu CMO» viele auch von mir erprobte Tipps als Motivationsfaktoren. Lassen Sie sich inspirieren.

Hans C. Leu
Gastgeber im *Albergo Giardino* in Ascona, Schweiz

AUS DER SICHT DES AUTORS

Alle wissen es: Motivation ist die Triebfeder allen Erfolgs. Das Geld ist nur die Auswirkung, die positive Begleiterscheinung. Ich kenne keinen erfolgreichen Unternehmer, Künstler, Schauspieler, der vom Geld angetrieben war, als er Großes geschaffen hat. Doch weshalb ist in vielen Firmen nur wenig von einem motivierenden Klima zu spüren? Weshalb gelingt es nur ganz wenigen Managern, in ihrem Team ein Klima des Vertrauens zu schaffen, Visionen zu entwickeln, die begeistern, und eine Form der Zusammenarbeit zu ermöglichen, die bleibende Werte schafft? An der Intelligenz kann es nicht liegen, denn Manager haben einen sehr hohen fachlichen Wissensstand, bedingt durch ihr Studium und ihre bisherigen Erfahrungen. Doch konzentrieren sie sich nur selten auf den konsequenten Auf- und Ausbau ihrer sozialen Kompetenzen. Gerade diese sind heute bei Führungskräften ebenso wichtig wie die fachlichen Fähigkeiten. Sich im Bereich der sozialen Kompetenz nicht weiterzubilden hat fatale Folgen: Hohe Fluktuationsrate, schlechtes Image im Mitarbeitermarkt und durchschnittliche Leistungen des eigenen Teams.

Die Mitarbeiter von heute haben ganz andere Anforderungen an ihre Arbeitgeber als noch vor wenigen Jahren: Die Selbstverwirklichung, das «Sich-einbringen» und «Nicht-nur-ausführen-wollen» stellt Führungskräfte vor neue zwischenmenschliche Anforderungen. Das Erteilen von Befehlen weicht dem Unterstützen, Beflügeln, oder nennen wir es ganz einfach Motivieren. Natürlich möchten auch Manager gerne motiviert werden, wissen jedoch nicht so genau, wie man in einem Team den Motivationsprozess in Gang bringt. Eine Flasche Wein und den obligaten Blumenstrauß an Geburtstagen zu schenken, reicht bei weitem nicht!

Ich widme dieses Buch allen Managern und natürlich auch jenen, die bereits CMOs sind und sich von einigen zusätzlichen Ideen inspirieren lassen möchten. Mein Wunsch ist es, dass Sie unsere Tipps benutzen, um zu experimentieren und zu entdecken, welche Kraft in Ihnen steckt, andere zu begeistern. Gewisse Ideen und Ansätze sind vielleicht erst auf den zweiten

Blick realisierbar, weil Sie vielleicht zuerst Gründe suchen, etwas nicht zu tun. Stellen Sie sich aber vor, Ihre Mitarbeiter werden später einmal erzählen, sie hätten das Motivieren von Ihnen gelernt. Das wünsche ich Ihnen von Herzen! Und vergessen Sie nicht: «Shoot for the moon. Even if you miss it, you will land among the stars.»

Daniel Zanetti
Meggen, Schweiz

DER WANDEL VOM CEO ZUM CMO

Einführung

Sie können einen Mitarbeiter motivieren, Ihnen seine volle Arbeitsleistung zu geben, und Sie werden erkennen, dass Ihre Mitarbeiter auf einmal nicht mehr nur Mitarbeiter sind, sondern Vermögenswerte Ihres Unternehmens darstellen.

In vielen Unternehmensleitbildern stehen unter dem Punkt Mitarbeiter folgende Aussagen geschrieben:

Unsere Mitarbeiter sind das wichtigste Gut!

- Frage: Wenn die Mitarbeiter in diesen Unternehmen wirklich das wichtigste Gut sind, weshalb arbeiten sie dann oft zu Niedrigstlöhnen?

In unserem Unternehmen stehen die Mitarbeiter im Mittelpunkt!

- Frage: Wenn der Mitarbeiter im Mittelpunkt der Unternehmenskultur steht, weshalb zeigt er dann nicht, dass er glücklich ist, indem er überdurchschnittliche Leistungen erbringt?

Wir möchten motivierte Mitarbeiter!

- Frage: Wenn Sie motivierte Mitarbeiter möchten, weshalb schaffen Sie dann nicht ein Umfeld, das Motivation zulässt?

In den allermeisten Fällen sind solche und andere Aussagen nichts anderes als Wünsche und werden nicht oder nicht konsequent genug gelebt. Auf jeden Fall nicht aus Sicht der Mitarbeiter. An was liegt es, dass nur wenige Unternehmen es schaffen eine nachhaltige und für alle Beteiligten wertvolle Kultur zu schaffen? Liegt es an den schwierigen Rahmenbedingungen, an den rasanten wirtschaftlichen Veränderungen, an der Globalisierung oder gar am Wetter? Natürlich nicht, es liegt an der Führung. Der Spruch «Der Fisch beginnt am Kopf zu stinken» hat heute mehr denn je seine Gültigkeit. Bei dem rasanten Sesselwechsel wird es schwierig, eine Kultur zu schaffen, die motivierend ist. Kultur weicht heute zu 90 Prozent den kurzfristig zu realisierenden Zahlen. Dieses Spekulantenverhalten ist vergleichbar mit der Börse. Alle wollen die kurzfristig zu realisierenden Supergewinne, dabei weiß man doch genau, dass eine längerfristig angelegte Strategie im Schnitt erfolgreicher ist. Schön, wenn es bald Unternehmen gibt, die die Boni der CEOs auch an der Mitarbeiterbindung messen, denn der wichtigste Grund, weshalb man ein Team bildet, ist der, dass die Produktivität eines Teams größer ist als die Bemühungen jedes Einzelnen.

MATCHENTSCHEIDENDE ERFOLGSFAKTOREN IN DER MITARBEITERFÜHRUNG

Welche Kernkompetenzen helfen Ihnen, eine Topführungskraft zu sein? Nachfolgend gehen wir auf einige Punkte ein, mit denen Sie sich befassen sollten, sofern Sie ein CMO werden möchten!

1. Setzen Sie kontrollierbare Ziele und besprechen Sie diese mit Ihrem Team.
2. Geben Sie Ihre Spielregeln bekannt: Wie sichern Sie den Informationsfluss, welche Meetings finden mit welchem Ziel statt?
3. Beziehen Sie Ihr Team in Entscheidungsprozesse mit ein und nützen Sie das Know-how aller.
4. Legen Sie mit Ihren Mitarbeitern fest, über welche Kompetenzen und Fähigkeiten Ihr Team insgesamt verfügen sollte.
5. Zeigen auch Sie Ihre Stärken und Schwächen klar auf. Ergänzen Sie Ihre persönlichen Schwächen durch Stärken Ihrer Mitarbeiter.
6. Räumen Sie für Lob und Kritik genügend Zeit ein.
7. Machen Sie die Vorzüge der Zusammenarbeit und die Wichtigkeit jeder einzelnen Arbeit deutlich.
8. Nutzen Sie das Netzwerk, das Sie im Laufe Ihres bisherigen Werdegangs aufgebaut haben.
9. Informieren Sie Ihre Vorgesetzten unaufgefordert.
10. Untersuchen Sie Ihr neues Kommunikationsgeflecht und nützen Sie auch hier das Know-how Ihres Teams.
11. Stellen Sie die Weichen für die weitere Entwicklung. Planen Sie die notwendige Weiterbildung (intern oder extern) frühzeitig.
12. Analysieren Sie Ihre Leistungen und leiten Sie daraus kontrollierbare Maßnahmen ab.

Konzentrieren Sie sich auf das Wesentliche!

CMOs haben die Fähigkeit, Teams zu entwickeln!

Führen heißt zusammenarbeiten, kooperieren. Um Teams strategisch (nach Kernkompetenz und Typus) zusammenzustellen, benötigt man viel Geschick und Freude am Arbeiten mit und für Menschen. Sie müssen genau wissen, was Sie können und was Sie nicht können. Erst dann werden Sie in der Lage sein, Teams auf- und auszubauen. Zudem werden Sie erst dann Ihr Glück als Führungskraft erlangen, wenn Sie fähig sind, die Entwicklung Ihrer Mitarbeiter positiv zu beeinflussen und zu nutzen.

CMOs haben die Bereitschaft, Spitzenleistungen zu erbringen!

Gute Führungskräfte wissen, dass Durchschnitt Rückschritt heißt. Nur wer bereit ist, konsequent zielorientiert zu arbeiten, und zudem den Aufwand nicht scheut, wird in die Champions League einziehen.

CMOs können vernetzt denken und handeln!

Die Welt ist ein Dorf. In der bestehenden Flut von Informationen die Zusammenhänge zu erkennen, ist sehr schwierig geworden. Wesentliches von Unwesentlichem zu unterscheiden, ist oft ein Ding der Unmöglichkeit! Und trotzdem sollten Sie immer das große Ganze vor Augen haben und kleine und große Entscheidungen schnell und überzeugend fällen. Denn wie heißt es so schön: Die Großen fressen nicht die Kleinen, sondern die Schnellen die Langsamen. Wir rechnen nicht mehr in Kalenderjahren, sondern in Internetjahren.

CMOs haben Lust zu lernen!

Mit dem Wissen von gestern können Sie nicht die Zukunft bewältigen. Sie benötigen die Wissenslust, Ihr Know-how laufend zu erweitern und Ihre Kernkompetenzen stetig auszubauen.

Schaffen Sie Freiheiten durch Spielregeln!

Ohne Spielregeln, in welcher Form auch immer, ist ein erfolgreiches Zusammenarbeiten nicht möglich. Stellen Sie sich einmal ein Fußballspiel vor, das vonstatten gehen sollte, ohne dass die Spieler die Regeln kennen. Die eine Mannschaft stellt ein Tor auf, das nur halb so breit ist wie jenes des Gegners. Ein Spieler interpretiert ein «Offside» auf seine ganz individuelle Art. Ein faires Spiel wäre unter solchen Umständen also gar nicht möglich. Genauso verhält es sich bei der Arbeit. Erst wenn die Spielregeln der Zusammenarbeit gemeinsam definiert wurden, wird das Team erfolgreich arbeiten können. Erst dann sind Spitzenleistungen möglich.

Es reicht jedoch nicht, einfach mit Schlagwörtern wie Respekt oder Toleranz um sich zu werfen. Viel wichtiger ist dabei die Definition, was darunter zu verstehen ist. Untermauern Sie hierzu die Spielregeln mit Beispielen aus dem Alltag:

Ein möglicher Punkt Ihrer Spielregeln:

Wir lösen zwischenmenschliche Probleme schnell und direkt und tragen damit viel zu einer positiven Stimmung im Team bei.

Ein Beispiel aus dem Betriebsalltag:

Meinungsverschiedenheiten sind natürlich. Es kann jedoch nicht angehen, dass wir in Abwesenheit eines Arbeitskollegen schlecht über ihn sprechen. Das ist nicht nur schlecht für die Stimmung im Team, sondern zeugt auch von einer schwachen Sozialkompetenz. Vorsicht: Es ist viel einfacher, Probleme aus dem Weg zu gehen, als sie konstruktiv zu lösen …

Weitere Tipps:

- Definieren Sie, was Mitarbeiter können und machen müssen.
- Geben Sie Beispiele, was Mitarbeiter entscheiden können und was nicht.
- Erklären Sie Vision und Zielsetzung der Firma.

- Zeigen Sie die Belohnung für hervorragende Teamleistung auf.
- Schaffen Sie Belohnungen für quantitative und qualitative Ziele.
- Erklären Sie Ihren Mitarbeitern, wie eine Firma funktioniert.
- Lernen Sie, als Coach und nicht als Chef zu arbeiten.
- Zeigen Sie auf, weshalb Geschwindigkeit bei Entscheidungen wichtig ist.
- Lehren Sie Ihr Team, lösungsorientiert zu denken.
- Schaffen Sie unverzüglich Diskussionen ab, in denen Vorwürfe dominieren.

Kommunizieren Sie mit System & Pfiff!

Mimik + Worte = Botschaft

Kommunikation heißt Verständigung und Umgang zwischen Personen. Es umfasst also nicht nur das, was wir sagen, sondern auch, wie wir es sagen und zu wem. Wir stellen durch Kommunikation eine Verbindung zu unseren Kunden her. Kommunikation beginnt jedoch lange bevor auch nur einer ein Wort gesprochen hat. Die Art und Weise, wie wir uns verhalten und was wir aussprechen, wird nicht nur durch den Verstand geleitet, sondern auch durch die Emotionen und die psychische Grundempfindlichkeit der Kunden.

Jedes Gespräch läuft auf zwei Ebenen ab: **verbal und nonverbal.** Bei verbaler Kommunikation geht es um Worte, Informationen, Fakten usw., also um rationale Botschaften. Bei nonverbaler Kommunikation geht es um Mimik, Gestik usw. Mit der Art und Weise, wie wir etwas sagen, drücken wir dem anderen gegenüber unsere Gefühle aus. Wer vor Leuten kommuniziert, der muss sich über seine Ausstrahlung im Klaren sein. Bedenken Sie: Ihre Worte beeinflussen zu zehn Prozent, Ihr Tonfall zu 40 Prozent, Ihr Verhalten zu 50 Prozent. Diese Einsicht, verbunden mit dem Wissen, dass die Aufnahmefähigkeit beim Hören nach 15 Minuten rapide nachlässt, gibt uns wichtige Hinweise für die Wissensvermittlung. Das **WIE** ist matchentscheidend! Folgende Faktoren sind wichtige Grundpfeiler beim Kommunizieren:

* Kompetenz – versteht er, was er sagt?
* Glaubwürdigkeit – ist er überzeugt von dem, was er sagt?
* Erotik – spricht er sein Publikum an, kommt etwas rüber?

Es ist erwiesen, dass lediglich **10 Prozent** der verbalen Kommunikation (also Inhalt), jedoch 90 Prozent der para- und nonverbalen Kommunikation (Stimme, Auftreten etc.) beim Publikum hängen bleibt.

Die Kommunikation in Unternehmen im Allgemeinen hat ein zentrales Problem: Sie unterliegt in den meisten Firmen kei-

nem Controlling! Das ökonomische Denken hat in diesem Bereich leider noch nicht Einzug gehalten. Um Ihre Kommunikation effizienter zu gestalten, sollten Sie folgende Punkte bedenken:

Wann finden zu welchen Themen Meetings statt?

- Halten Sie Ihre Meetingstruktur für alle schriftlich fest!
- Setzen Sie bezüglich Inhalt und Zeit einen klaren Rahmen!

Wie übermittle ich Botschaften?

- Machen Sie sich Gedanken, welche Moderationstechniken Sie benützen wollen. Es muss nicht immer eine Folienorgie auf dem Overheadprojektor sein!
- Wie ist das Verhältnis zwischen Monolog und Dialog? Lassen Sie die Mitarbeiter zu Wort kommen oder sprechen ausschließlich Sie selbst?

Wie möchte ich informiert werden?

- Wie und wann wollen Sie im Tagesgeschäft von Ihren Teammitgliedern informiert werden?
- Welche Informationstools stehen zur Verfügung?

Tipp: Falls Sie auch jemand sind, der andauernd von E-Mail-Eingängen in der Arbeit unterbrochen wird, dann lassen Sie sich die nicht dringenden Botschaften verzögert zu einem von Ihnen bestimmten Zeitpunkt zusenden. Zum Beispiel jeweils abends gegen 17.00 Uhr. Dieses Vorgehen kann die Zahl der Störungen massiv verringern und trägt so zu einem effizienteren Arbeitsablauf bei!

CMOs – die Helden der «New Humanity»

Definition CEO: Chief Executive Officer

Definition CMO: Chief Motivation Officer

Wir alle können in unserem Privatleben unserem Lebenspartner die größten Komplimente machen und seine Augen zum Glänzen bringen. Aber die meisten von uns haben Mühe, einem Mitarbeiter zu sagen: «Ich finde dich absolut spitze. Was du für unser Team und unsere Firma tust, ist einfach super.» Bedenken Sie dabei doch auch, dass Sie bedeutend weniger Zeit mit Ihrem Lebenspartner als mit Ihren Mitarbeitern verbringen.

Kann jeder von sich behaupten, dass er heute schon einen Mitmenschen motiviert hat? Was heißt das überhaupt: einen Mitmenschen motivieren? Und wie werde ich ein Motivator?

CMOs sind Führungskräfte, die das Arbeitsklima aktiv und positiv beeinflussen. CMOs sind die Helden der «New Humanity», weil sie schon heute die Zeichen der Zeit erkannt haben und wissen, dass sie die Zukunft nicht mit dem Führungsstil der Vergangenheit bewältigen können.

Die Sache mit der Mitarbeiterzufriedenheit ...

Lassen Sie uns folgende Begriffe klären, denn sie tauchen in diesem Buch immer wieder auf.

- **Aktiv zufriedene Mitarbeiter**
- **Passiv zufriedene Mitarbeiter**
- **Mitarbeiterverblüffung**

Aktiv zufriedene Mitarbeiter:

Der Mitarbeiter ist von Ihnen als Führungskraft sowie vom Unternehmen überzeugt und begeistert. Seine Erwartungen an Sie als Führungskraft sowie an das Unternehmen insgesamt wurden übertroffen. Er ist ein treuer Mitarbeiter und wird Sie und das Unternehmen aktiv weiterempfehlen.

Passiv zufriedene Mitarbeiter:

Ein passiv zufriedener Mitarbeiter ist ein gleichgültiger Mitarbeiter! Seine Erwartungen wurden erfüllt, jedoch nicht übertroffen. Er arbeitet zwar bei Ihnen, aber die innere Kündigung ist bereits erfolgt. Er sucht mal mehr oder weniger aktiv einen neuen Job. Den passiv zufriedenen Mitarbeiter werden Sie verlieren, sobald er ein besseres Angebot hat.

Mitarbeiterverblüffung:

Mit maßgeschneiderten Leistungen in Form von Motivation, Geschenken etc. erzielen Sie einen Überraschungseffekt beim Mitarbeiter. Seine Erwartungen an Sie und das Unternehmen werden übertroffen. Er fühlt sich somit in seiner Wahl bestätigt. Das Arbeitsklima ist nicht zufällig gut, sondern nachhaltig positiv gesteuert. Um die Bedürfnisse der Mitarbeiter zu erkennen, müssen Sie diese jedoch zuerst erfragen. Die besten Informationen erhalten Sie mit aktivem Zuhören, zum Beispiel beim Mittagessen oder in der Pause:

- Wer ist Fußballfan?
- Wer besitzt ein Eigenheim?
- Wer hat Kinder?, etc.

Aber auch eine Teamliste, wie in diesem Buch aufgeführt, kann Ihnen hierzu wertvolle Informationen liefern.

Merkpunkte für eine erfolgreiche Zusammenarbeit

- Es bestehen Spielregeln (Leitbild), die gemeinsam zum Wohle der Firma definiert wurden und von allen konsequent eingehalten werden.
- Die Teammitglieder kennen die eigenen Stärken und Schwächen genau und können so ihre Talente gezielt zum Wohle der Firma einsetzen.
- Alle Teammitglieder begegnen sich gegenseitig mit Respekt und Toleranz. Jeder ist mitverantwortlich, dass das Teamwork funktioniert!
- Es besteht ein Rekrutierungssystem, das sicherstellt, dass ausschließlich passende Kandidaten eingestellt werden.
- Teammitglieder, die sich nicht an die Spielregeln halten, werden konsequent darauf angesprochen.
- Die Beteiligung von Teammitgliedern an Aktivitäten, bei denen sie einen echten Beitrag leisten können, wird gefördert.
- Anerkennung und Kritik erfolgen regelmäßig und mit System.
- Konflikte werden nicht verhindert, dafür aber konsequent gelöst.
- Schulungen zum Ausbau der eigenen Kernkompetenzen werden vom Unternehmen gefördert.
- Die geleistete Arbeit wird in Form von Feedbackgesprächen regelmäßig beurteilt und Optimierungsmaßnahmen werden gemeinsam diskutiert und festgelegt.

Leitsätze für den unternehmerischen Erfolg

- Ich weiß nicht nur, was ich will, sondern auch, wie ich es erreichen will.
- Ich werde mit meiner Idee von meinem persönlichen und familiären Umfeld getragen.
- Ich bin optimistisch und gehe offen auf Menschen zu.
- Ich bin auch auf eine längere Durststrecke vorbereitet, ohne dass mir die Mittel ausgehen.
- Ich habe den nötigen Durchhaltewillen und bin belastbar.
- Ich arbeite gerne im Team und kann delegieren.
- Ich bin flexibel, bleibe aber meinen Prinzipien treu.
- Ich weiß, dass Fehler passieren und lerne daraus.
- Ich kann meine Konkurrenz richtig einschätzen.
- Ich setze meine eigene Arbeitszeit richtig ein.
- Ich verstehe meinen Geschäftspartner als wertvolle Ergänzung.
- Ich weiß, dass ich für meinen Erfolg selbst verantwortlich bin.

Generell sollte uns bewusst sein, dass permanentes Lernen für den Erfolg notwendig ist. Denn: **«Es ist eine verbreitete Illusion zu glauben, dass das, was wir heute wissen, alles ist, was wir je zu wissen vermögen.» (Carl G. Jung)**

Ihre persönliche Motivationsstrategie in sechs Schritten

1. Schritt: Selbstanalyse

Geben Sie sich einen Ruck!

Eine Führungskraft hat ungleich mehr Möglichkeiten, Änderungen und Veränderungen umzusetzen und durchzusetzen als ein Mitarbeiter. Es ist oftmals wirklich nur eine Frage der Courage, die den Unterschied zwischen Erfolg und Misserfolg ausmacht. Komischerweise fehlt die Courage nicht, wenn es darum geht, neue Produkte zu lancieren, Vertriebssysteme zu implementieren oder Kosten zu senken. Eine Motivationskultur zu schaffen, die die Zusammenarbeit untereinander nachhaltig positiv beeinflusst, ist hingegen viel schwieriger. Wir möchten Ihnen in diesem Buch Tipps geben, die Ihnen helfen, eine auf Sie persönlich zugeschnittene Motivationsstrategie zu entwickeln. Und vergessen Sie nicht: **«Das Geheimnis des Könnens liegt im Wollen.»**

Großartige Führungskräfte ziehen großartige Mitarbeiter an. Wenn Ihr Name zu einer starken Marke wird, dann wird auch Ihr Unternehmen zu einer starken Marke, und auf einmal befinden Sie sich in einem Spitzenumfeld, inmitten von Spitzenmitarbeitern.

Fragen, auf die Motivatoren eine Antwort haben sollten!

Füllen Sie diese Liste aus und resümieren Sie Ihre Antworten. Sie halten sich selbst so den Spiegel vor und werden erkennen, wo Ihr persönliches Motivations-Optimierungspotenzial liegt.

Ihre persönliche Motivationsstrategie in sechs Schritten

«Ich kann nicht jeden motivieren, aber ich kann ein motivierendes Umfeld schaffen!»

Ihre persönliche Motivations-strategie in sechs Schritten

1. Schritt: Selbstanalyse
Auftaktfrage: «Würde ich gerne für jemanden wie mich arbeiten?»
Ausfüllen des Blattes «Fragen, auf die Motivatoren eine Antwort haben sollten..»
Kernfrage: «Was ist meine Grund-motivation, andere zu motivieren?»

2. Schritt: Bedürfnisanalyse
Welche Bedürfnisse haben meine Mitarbeiter?
Sammeln von Angaben zu den einzelnen Teammitgliedern.
Lassen Sie Ihre Mitarbeiter die Teamliste ausfüllen.
Lassen Sie die Klimakarte ausfüllen.
Machen Sie eine Standortbestimmung.

3. Schritt: Planung
Wer hat derzeit am meisten Motivation nötig?
Wer wartet schon länger auf ein wichtiges Gespräch mit mir?
An welchen Tagen und zu welchen Zeiten widme ich meine Zeit voll und ganz der Motivation?
Planen Sie das «Motivieren» ebenso in Ihren Terminkalender ein wie das «Budgetieren».
In welchen Meetings kommt der Punkt der Motivation zur Sprache? (Für andere Sachen investieren Sie ja schließlich auch in Meetings ...)

4. Schritt: Umsetzung
Fragen Sie sich jeden Abend beim Verlassen des Büros: «Was habe ich heute persönlich getan, damit die Stimmung im Team besser wird oder gut bleibt?»
Werden Sie Vorbild in punkto Motivation!
Kein Tag ohne persönliche Motivation wie Lob oder Kritik, SMS, Mail, Dankeskärtchen, Post-it-Message etc.
Nutzen Sie die Tipps dieses Buches und leiten Sie Ihre eigenen Ideen davon ab.

5. Schritt: Controlling
Kontrollieren Sie, was sich durch Ihre Motivations-anstrengungen konkret verbessert hat (Komplimente, Feedbacks, bessere Stimmung etc.).
Halten Sie die Fortschritte fest und erzählen Sie sie weiter. So motivieren Sie andere, ebenfalls zu motivieren.
Längerfristig werden Sie feststellen, dass die Bin-dung der Mitarbeiter zu Ihnen und zum Unternehmen steigt und dass sich das Arbeitsklima verbessert. Die Firma wird zum attraktiveren Arbeitgeber, und somit haben Sie einen Wettbewerbsvorteil geschaffen, der matchentscheidend ist.

6. Schritt: Beginnen Sie wieder beim 1. Schritt!
Motivation ist ständigen Ver-änderungen ausgesetzt, denn die Mitarbeiter und ihre Bedürf-nisse verändern sich auch.
Wichtig ist, dass Sie Ihre Motiva-tionserfahrungen an Ihre Kollegen weitergeben. Lassen Sie andere von Ihrem Wissen profitieren!

1. Schritt: Selbstanalyse

Weshalb bin ich ein guter Typ?

Würde ich gerne und mit Leidenschaft für jemanden wie mich arbeiten? Und weshalb?

Was ist mein ganz persönlicher Mehrwert als Führungskraft (USP)?

Stelle ich täglich Ressourcen zur Verfügung, die Spitzenleistungen fördern?

Was habe ich persönlich am gestrigen Arbeitstag zu einem guten Arbeitsklima beigetragen?

Verfügen wir über eine großartige Vision/Mission und handeln wir konsequent danach?

Können meine Mitarbeiter mit mir offen und ehrlich über das reden, was sie fühlen und denken?

Wie viele Mitarbeiter, mit denen ich im Verlauf meiner bisherigen Karriere zusammenarbeitete, würden von sich aus sagen, ich hätte sie wesentlich gefördert?

Wenn ich pensioniert bin und auf meine Karriere zurückblicke, würde ich mir wünschen, dass die Menschen, mit denen ich zusammengearbeitet habe, Folgendes über mich sagen:

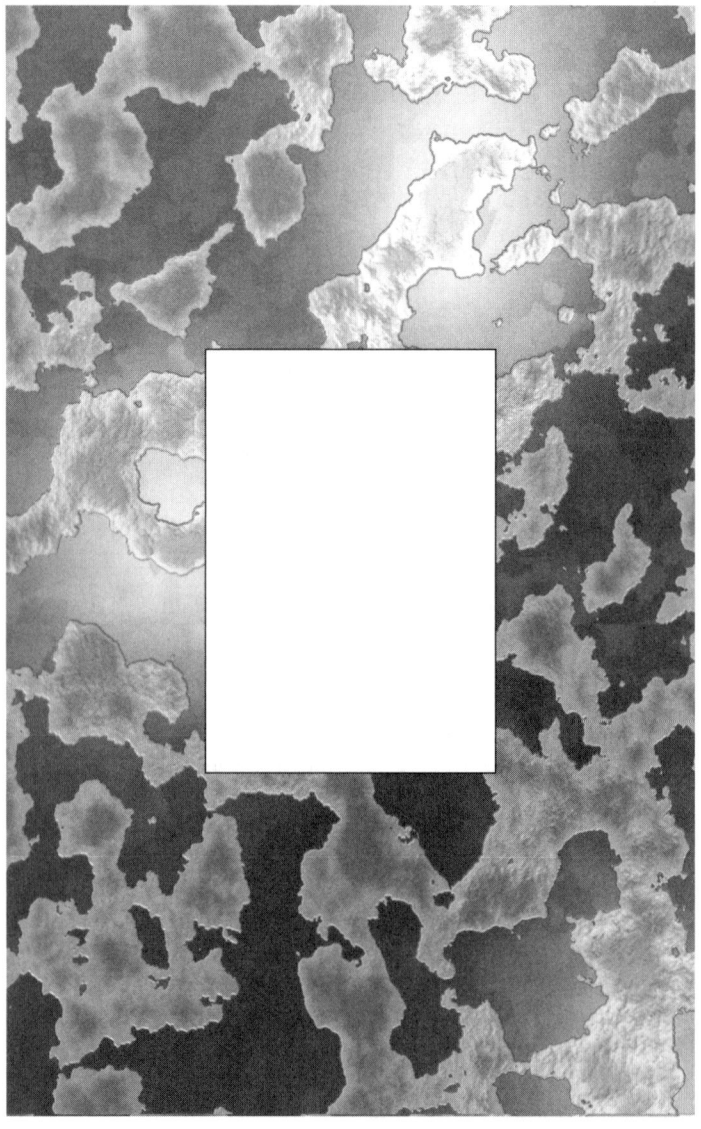

Würde ich gerne für jemanden wie mich arbeiten

(Kleben Sie ein Foto von sich ein und stellen Sie sich mindestens einmal pro Woche diese Frage!)

2. Schritt: Bedürfnisanalyse

Ohne die Bedürfnisse Ihrer Mitarbeiter zu (er)kennen, werden Sie nicht auf deren Bedürfnisse eingehen können. Deshalb empfehlen wir Ihnen folgende Schritte:

1. Studieren Sie die Liste «Was Ihre Topmitarbeiter wirklich von Ihnen wollen!».
2. Ergänzen Sie diese durch Bedürfnisse, die Sie als unternehmensspezifisch erkannt haben.
3. Bringen Sie die Teamliste in Umlauf. Sie erhalten so viele verblüffende Informationen zu Ihrem Team und haben so auch noch einen vertieften Einblick in die verschiedenen Persönlichkeiten Ihres Teams.
4. Verteilen Sie in Ihrem Team die Klimakarte, und werten Sie sie aus, nachdem sie anonym ausgefüllt wurde.

Was Ihre Topmitarbeiter wirklich von Ihnen wollen!

Die nachfolgenden Antworten sind das Ergebnis diverser Studien und Befragungen im deutschsprachigen Wirtschaftsraum. Mitarbeiter fragen immer mehr nach dem Zusatznutzen, den eine Unternehmung bietet. Trendforscher sprechen schon heute von Unternehmungen, die sowohl einen Kindergarten für die Sprösslinge als auch eine Altenpflege für die Eltern der Mitarbeiter anbieten. Dienstleistungen wie Lebensmitteleinkäufe per firmeneigenem Kurier, Beautysalon und Ernährungsberatung werden möglicherweise in Zukunft angeboten, um Mitarbeiter an die Unternehmung zu binden.

Mitarbeiter möchten (1999):

- **sich mit dem Unternehmen und ihrer Arbeit identifizieren,**
- **eigene Ideen einbringen und Mitspracherecht bei Entscheidungen haben,**
- **sinnvolle Arbeit tun,**
- **persönlichen und beruflichen Respekt erfahren,**
- **das Gefühl haben, in einer Gemeinschaft integriert zu sein,**

- **Wertschätzung erfahren, für das, was sie sind, und das, was sie tun,**
- **ihr Know-how in die Arbeit einbringen,**
- **Perspektiven für berufliche und menschliche Weiterentwicklung erkennen,**
- **das Gefühl vermittelt bekommen, dass das Leben nicht nur aus Arbeiten besteht.**

Unternehmensspezifische Bedürfnisse, die mir ganz besonders aufgefallen sind:

_____

_____

_____

_____

Teamliste

Vorname, Name	Lieblings-essen	Was ich nicht gerne esse	Lieblings-farbe	Musikstil	Bücher/ Zeitschriften	Hobbys	Geburtstag

Klimakarte

So fühle ich mich:

	Stimmt nicht	bis	Trifft zu
1. Wir gehen vertrauensvoll miteinander um.			
2. Bei hohem Arbeitsanfall helfen wir uns gegenseitig aus.			
3. Viele denken nur an sich selbst.			
4. Ich habe Angst um meinen Arbeitsplatz.			
5. Meine Nerven sind strapaziert.			
6. Ich bin überfordert, traue mich jedoch nicht, dies auszusprechen.			
7. Aufstiegs- und Entwicklungsmöglichkeiten sind vorhanden.			
8. Ich fühle mich an meinem Arbeitsplatz wohl.			
9. Ich sage in Meetings, was ich denke.			
10. Ich bin motiviert, Überdurchschnittliches zu leisten.			

Die zwei wichtigsten Optimierungspunkte sind ——— **&** ———

So beurteile ich meine Vorgesetzten:

	Stimmt nicht		bis		Trifft zu

1. Sie lassen mich an den Erfolgen teilhaben, zu denen ich beigetragen habe.

2. Sie stehen hinter mir, auch wenn ich Fehler gemacht habe.

3. Ich erhalte auf meine geleistete Arbeit ein klares Feedback.

4. Ich fühle mich ernst genommen.

5. Ich lobe und kritisiere meine Vorgesetzten konsequent.

6. Das Fachwissen meiner Vorgesetzten beurteile ich mit: —— & ——

7. Das Verhältnis zwischen den Führungskräften ist geprägt von:

   * Ehrlichkeit

   * Gegenseitigem Respekt

   * Loyalität gegenüber dem Team

Die zwei wichtigsten Optimierungspunkte sind —— & ——

3. Schritt: Planung

Wie soll denn etwas nach Plan verlaufen, wenn Sie gar keinen Plan haben? Überlegen Sie sich Folgendes:

_____

Welche Mitarbeiter sind derzeit besonders motiviert? Und weshalb?

_____

Welche Mitarbeiter sind derzeit **nicht** motiviert? Und weshalb?

_____

Welche Mitarbeiter warten schon länger auf ein wichtiges Gespräch mit mir?

_____

Was, das in meiner Macht steht, würde eine sofortige Verbesserung der Situation herbeiführen:

• Ein Gespräch unter vier Augen?
• Ein Dankeschön von ganzem Herzen?
• Eine Aussprache mit dem Team?
• Eine Entschuldigung von mir?

Andere Maßnahmen:

_____

_____

_____

_____

3. Schritt: Planung

Eine bewährte Vorgehensweise:

- Nehmen Sie Ihren Terminkalender und planen Sie Ihre Verbesserungsmaßnahmen ein. Machen Sie sich zur Umsetzung Gedanken. Fragen Sie einen Kollegen um Rat, wenn Sie selbst unsicher sind. Nehmen Sie Hilfe an. (Hilfe annehmen zu können, ist übrigens ein Indiz für soziale Kompetenz!)
- Tragen Sie zusätzlich Zeiten ein, in denen Sie sich zum Thema Motivation Gedanken machen, und zwar für das ganze Jahr. Dies ist enorm wichtig, denn Sie können nicht zum Motivator werden, wenn Sie dieses Thema immer als «Priorität Z» behandeln.
- Beschließen Sie sofort, das Thema Motivation in einem Ihrer Meetings[*] als festen Diskussionspunkt einzuführen. Sprechen Sie nicht immer nur über Produkte und Zahlen, sondern auch über Stimmungen, bevorstehende Geburtstage, Geburten, Beförderungen, den Herbstbeginn, besondere Leistungen von Teams oder Einzelnen usw.

Dieses Buch hilft Ihnen, mit einer Vielfalt von praxiserprobten Beispielen, den Motivationsprozess in Gang zu bringen.

---

[*] Beachten Sie die nachfolgenden Checklisten zum Thema Meetings!

4. Schritt: Umsetzung

Bis hierher sind Sie mit etwas Selbstkritik und ein paar guten Vorsätzen gekommen. Doch bei Schritt vier trennt sich die Spreu vom Weizen. Jetzt ist Konsequenz, Mut und Kreativität gefragt. Jene Stärken, die Sie in Ihrer Karriere bereits so weit vorangebracht haben. Nur ist es natürlich viel einfacher, Budgets zu kürzen oder Produkte zu lancieren, als ein Klima des Vertrauens und der Motivation zu schaffen. Der Unterschied liegt darin, dass Sie sich beim Thema Budget mit Papier beschäftigen und bei der Motivation mit Menschen.

- **Fragen Sie sich jeden Abend beim Verlassen des Büros:**
  «Was habe ich heute getan, damit die Stimmung im Team gut bleibt oder besser wird?»
- **Fragen Sie sich jeden Morgen, wenn Sie ins Büro gehen:**
  «Was werde ich heute Gutes tun, um meine Mitarbeiter zu motivieren?»

Erst wenn Sie mit gutem Beispiel vorangehen, werden Sie den viel zitierten Spruch «Der Fisch beginnt am Kopf zu stinken» durch Ihre Initiative entkräften, erst dann sind Sie auf dem richtigen Weg. Der Match entscheidende Punkt für den Erfolg ist Ihre soziale Kompetenz. Fragt man Führungskräfte danach, was denn soziale Kompetenz bedeute, dann erhält man sehr oft als Antwort: «Eine sozial kompetente Person kann gut mit Menschen umgehen.» Nun, das ist so nicht falsch, aber auch nicht ganz richtig. Die Frage lautet nämlich, **wie gut** Sie mit Menschen umgehen können. Die Antwort liegt bei Ihren Mitarbeitern, denn die können Ihnen genau sagen, wie sozial kompetent Sie wirklich sind. Nachfolgend finden Sie einige Messkriterien für die soziale Kompetenz:

4. Schritt: Umsetzung

Soziale Kompetenz [*]

Sozial kompetente Führungskräfte können:

- Nein sagen,
- auf Kritik eingehen,
- Widerspruch äußern,
- Unterbrechungen im Gespräch unterbinden,
- sich entschuldigen,
- Schwächen eingestehen und kommunizieren,
- unerwünschte Kontakte beenden,
- Komplimente akzeptieren,
- Komplimente machen,
- Gespräche beginnen, aufrechterhalten und beenden,
- um einen Gefallen bitten,
- Gefühle offen zeigen.

---

[*] Auszug/Quelle: Elaine Gambrill 1977

5. Schritt: Controlling

Nachdem Sie nun gezielt erste Umsetzungsversuche gemacht haben, sollten Sie diese resümieren. Die Erfolgskontrolle ist sehr wichtig, denn sie wird Ihnen exakt aufzeigen, ob Sie auf Kurs sind oder nicht (für die Finanzen und das Marketing haben Sie ja schließlich auch ein Controlling). Resümieren Sie die Reaktionen auf Ihre angewandte Motivation:

- Hat man mir mit Blicken oder Worten ein positives Echo gegeben?
- Haben meine Maßnahmen bereits Nachahmer gefunden?

Lassen Sie sich nicht entmutigen, das Motto «Blamiere dich täglich» hilft! Haben Sie Mut, anders zu sein, als «man» halt so ist.

6. Schritt: Beginnen Sie wieder von vorne!

Nichts ist wichtiger, als die Erkenntnis, dass Motivation nie eine abgeschlossene Sache sein wird. Das Ziel muss lauten, den Motivationsprozess so weit in Gang zu bringen, dass er Nachahmer findet und auf breiter Fläche zum Tragen kommt.

Es kann nicht sein, dass eine Person für die Motivation zuständig ist und die übrigen in der Konsumentenhaltung verharren. Jeder ist schlussendlich verantwortlich, dass Teamwork funktioniert, doch die Führungskraft initiiert den Prozess, geht mit gutem Beispiel voran und hilft immer wieder mit, dass die Atmosphäre im Team gut bleibt oder noch besser wird. Schenken Sie dieses Buch oder zumindest die Inhalte davon Ihren Führungskollegen. Das wird mithelfen, das Verständnis zu fördern und wird sie dazu anspornen, ebenfalls den Motivationsprozess in Gang zu bringen. Das ist sehr wichtig, wenn man bedenkt, dass **eine Umfrage bei Führungskräften ergeben hat, dass sich 80 Prozent als Motivatoren einschätzen. Umgekehrt aber eine Umfrage bei Mitarbeitern ergeben hat, dass lediglich 20 Prozent ihre Vorgesetzten als Motivatoren einschätzen.**

MIT WENIG KOSTEN VIEL ERFOLG

30 verblüffende Motivationstipps

Die nachfolgenden Tipps können Sie sofort anwenden. Sie verblüffen und motivieren zugleich. Ihre Mitarbeiter werden es Ihnen danken und die Mund-zu-Mund-Propaganda ist Ihnen sicher. Nur Mut!

1. Organisieren Sie einen «Fröhlichen Tag der Pflege» und laden Sie Ihre Mitarbeiter zu einer Maniküre oder Pediküre ein, oder lassen Sie eine Fachfrau in die Firma kommen, die vor Ort diese Leistungen anbietet!
2. Gehen Sie auf einen tollen Mitarbeiter zu und laden Sie ihn zu einem Kaffee ein. Bedanken Sie sich dabei ganz herzlich für seine Leistungen.
3. Legen Sie der Lohnabrechnung monatlich eine Anekdote bei, die eine Spitzenleistung im Kundenservice schildert. Zum Beispiel:
   Sven Herrmann hat diesen Monat einen Kunden positiv verblüfft, indem er ihm an dessen Geburtstag das Spielzeugmodell jenes Fahrzeugtyps schenkte, das der Kunde bei uns bestellt hat, das wir jedoch erst in vier Monaten an ihn ausliefern können.
   Das Dankesschreiben des Kunden liegt bei und spricht für sich!
4. Begrüßen Sie Ihre Mitarbeiter immer mit Namen und nicht nur mit einem «Guten Morgen». Schauen Sie Ihren Mitarbeitern dabei immer in die Augen. Ein Blick in die Augen und Sie erkennen sehr schnell den Gemütszustand!
5. Wenn Sie einen Bericht schreiben, erwähnen Sie die Mitarbeiter, die Ihnen bei spezifischen Fragen geholfen haben:
   «Herzlichen Dank Piera, Alexandra, Carlo und Chris für eure Unterstützung in diesem Projekt!»

6. Kleben Sie eine Dankeschön-Notiz an die Tür oder an den Schreibtisch Ihres Mitarbeiters: *«Have a great day!»*

7. Organisieren Sie einmal im Monat einen «Tag des guten Werkes» und tun Sie etwas Gemeinnütziges. Zum Beispiel: *«Waschen Sie gemeinsam die Autos von Passanten und spenden Sie das Geld den Geschädigten einer Umweltkatastrophe.»*
Sie werden sehen: Besser können Sie Spaß, Zusammengehörigkeit und sinnvolle Arbeit nicht verbinden. Zudem ist Ihnen die Publicity sicher.

8. Bieten Sie an, für einen Tag die Arbeit zu machen, die Ihr Mitarbeiter am wenigsten mag.

9. Nehmen Sie einen Tag lang alle Anrufe Ihres Mitarbeiters ab. Sie verlieren so nicht den Bezug zum Tagesgeschäft Ihres Mitarbeiters.

10. Lassen Sie Post-it-Zettel drucken mit der Aufschrift «Well done!» und verteilen Sie diese unter Ihren Mitarbeitern. Ermutigen Sie Ihre Mitarbeiter, sich auch untereinander zu loben!

11. Sind Sie zufrieden mit einem Brief oder Bericht, dann schreiben Sie eine kurze Notiz dazu wie:
«Sehr gut», «Toll», «Danke», «Super», «Fantastisch» etc.

12. Wenn Ihnen ein Zeitungsbericht ins Auge sticht, der für einen Mitarbeiter von Nutzen sein könnte, schneiden Sie ihn aus, machen Sie eine kleine Notiz darauf und legen ihn auf seinen Schreibtisch:
«Lieber Andy, du bist doch ein Ferrari-Fan. Diesen Bericht habe ich der Bordzeitung der Swissair entnommen. Viel Spaß beim Lesen!»

13. «Have a nice Trip!» «Welcome back!» «Viel Glück!» – Nutzen Sie die moderne Technik und senden Sie SMS-Nachrichten oder E-Mails, wann immer ein Grund dafür besteht.
«Vielen Dank für deine wertvollen Inputs beim heutigen Meeting!»

14. Schicken Sie möglichst oft persönliche Notizen an Ihre Teammitglieder. Es ist neben der persönlichen, mündlichen Kommunikation enorm wichtig. Sprüche wie «Toll gemacht», «Spitzenleistung!», «Danke» usw. bewirken Wunder!

15. Benennen Sie bestimmte Räumlichkeiten in Ihrer Firma nach Ihren Mitarbeitern. Zum Beispiel die Sitzungsräume «Irene-Grüter-Zimmer» oder «Martin-Zurbriggen-Suite».

16. Planen Sie einen «Tag der hässlichen Krawatte, des verrückten Hemds oder der albernen Socken» und vergeben Sie einen lustigen Preis an den Sieger.

17. Nehmen Sie eine Polaroidkamera ins Büro und schießen Sie beliebig Fotos von Ihren Mitarbeitern bei der Arbeit. Kleben Sie das Resultat an die Eingangstüren der jeweiligen Büros. Die Leute werden sofort mehr miteinander sprechen und nicht nur durch die Gänge laufen.

18. Lassen Sie Ihre Mitarbeiter einen «Traumtag» freinehmen, an dem sie sich am Strand oder auf einer Alm Gedanken über den Job, das Leben und die Zukunft machen können. Bitten Sie sie, über die neuen Einblicke zu berichten.

19. Laden Sie einmal im Jahr alle Ihre Mitarbeiter (mit oder ohne Begleitung) zu einem Fußballspiel des Stadtklubs ein. Alle sollen die Farben des Klubs tragen und die Kadermitglieder verteilen freie Getränke und Snacks.

20. Verteilen Sie morgens einmal an alle einen mit Helium gefüllten Luftballon, das bringt Farbe und Abwechslung in die Firma.

21. Verschenken Sie bei Spitzenleistungen selektiv ein Buch oder eine CD mit Widmung.

22. In Dienstleistungsbereichen wie dem Einzelhandel werden bekanntlich keine Trinkgelder bezahlt, anders in der Gastronomie. Wie können Sie dennoch die motivierende Wirkung von Trinkgeld nutzen? Verteilen Sie Gutscheine an Ihre Kunden mit der Bitte, diese an jene Mitarbeiter zu verteilen, bei denen sie einen besonders guten Service erhalten haben.

23. Stellen Sie eigene Anerkennungszertifikate für besonders gute Leistungen aus. Persönlich geschrieben beflügeln diese zu weiteren Spitzenleistungen.

24. Lassen Sie den Mitarbeiter des Monats einen Monat lang den tollsten Firmenwagen (Audi TT, BMW Z4, Mercedes SLK etc.) fahren.

25. Verschenken Sie an Ihre Mitarbeiter verschiedene Blumen-samen und veranstalten Sie einen Blumenzuchtwettbe-werb. Die originellste, schönste Blume wird dann prämiert.
26. Kleben Sie einen Kugelschreiber an die Wand und heften Sie Notizen dazu, so zum Beispiel «prägnanter Kugel-schreiber» oder «kugelloser Kugelschreiber». Warten Sie ab, was passiert! In nur wenigen Tagen werden viele weitere Kugelschreiber an der Wand hängen, versehen mit vielen lustigen Beschriftungen! Diese Aktion erinnert alle daran, dass Kreativität schnell entstehen kann und dass sich ein großes Kreativitätspotenzial im Team befindet. Resümieren Sie diese Aktion in einem Ihrer Meetings!
27. Wenn ein Mitarbeiter von Ihnen auf Geschäftsreise ist, dann überraschen Sie ihn einmal damit, dass Sie ihm abends sein Lieblingsdessert auf das Zimmer servieren lassen!
28. Bauen Sie einmal mitten am Tag eine zehnminütige Ruhe-pause ein. Spielen Sie eine entspannende Musik-CD (Mee-resrauschen) vor und fordern Sie Ihr Team auf, mit ge-schlossenen Augen zu relaxen.
29. Belohnen Sie Ihre Mitarbeiter einmal, indem Sie mit dem gesamten Team in ein Kaufhaus gehen, jedem einen 200-Euro-Gutschein schenken und eine Stunde Zeit geben, einzukaufen. Vergleichen Sie anschließend, wer was gekauft hat. Eine tolle Sache, die noch lange Anlass zu reden gibt!
30. Gestalten Sie «Special Days»: zum Beispiel einen Elvis-Presley-Tag oder einen Beatles-Tag. Spielen Sie in der Kan-tine einen Tag lang ausschließlich diese Musik oder hängen Sie Poster auf, verschicken Sie die Website der Beatles etc.

Sicher haben Sie noch viele weitere kreative Ideen, mit denen Sie Ihre Mitarbeiter motivieren und leiten können. Und be-rücksichtigen Sie dabei:

«Führen ist eine Dienstleistung gegenüber Ihren Mitarbei-tern.» **(Daniel Zanetti)**

IDEEN ZU BESTIMMTEN SITUATIONEN

Wir möchten mit unseren Tipps nicht so sehr Ideen vorgeben, als viel mehr Ihre eigene Kreativität anregen. Alle nachfolgend aufgeführten Motivationsbeispiele wurden im Geschäftsleben erprobt und haben sich bewährt. Schön, wenn wir Ihre Kreativität beflügeln und Ihnen gleichzeitig ein Nachschlagewerk für den Alltag bieten können!

Kundenverblüffungen

Kundenverblüffungen und Mitarbeiterverblüffungen liegen eng beieinander. Wenn Ihre Mitarbeiter auf die eine oder andere Verblüffung positiv reagiert haben, dann sollten Sie sie ermutigen, andere ebenfalls zu verblüffen. Zum einen die internen Kunden (Mitarbeiter, Arbeitskollegen etc.), zum anderen aber auch die externen Kunden. Nachfolgend einige Beispiele für exzellente Kundenverblüffungen, die in der Praxis allesamt von uns erprobt wurden und zu einer erfolgreichen Kundenbindung führten.

Crêpes

Ein Kunde, von dem wir in Erfahrung brachten, dass er liebend gerne Pfannkuchen (Crêpe Suzette) isst, wurde in seinem Büro von einem Kellner überrascht, der ihm diese frisch zubereitete (flambiert!).

Blumen

Zum Dank für eine Weiterempfehlung unserer Firma an einen potenziellen Kunden haben wir einer Kundin einen Strauß

Sonnenblumen geschickt, da wir wussten, dass Sonnenblumen ihre Lieblingsblumen sind.

Video-Offerte

Ein innovatives Unternehmen überraschten wir mit einer Offerte in Form eines Videos. Im Video stellten sich alle Projektteilnehmer selbst vor. Zusätzlich dazu erhielten alle Entscheidungsträger eine Offerte in schriftlicher Form.

Eis

An einem ganz heißen Julitag überraschten wir die Mitarbeiter eines Kunden spontan mit Speiseeis.

Lustige Postkarten

Anstelle eines geschäftlichen Briefs oder einer Karte mit Firmenwerbung können Sie auch originelle Karten verschicken, die mit einem von Hand geschriebenen Kurztext versehen sind: «Danke für das wertvolle Gespräch gestern Mittag» oder «Herzlichen Dank, dass Sie unsere Rechnungen immer pünktlich bezahlen» etc.

Gesundheitsball

Ein Kunde beklagte sich einmal über Rückenschmerzen. Wir schickten ihm am folgenden Tag einen Gesundheitsball als Geschenk.

Geburtstag

Es gibt nichts Motivierenderes als ein ganz persönliches, maßgeschneidertes Geburtstagsgeschenk. Und andererseits gibt es nichts Demotivierenderes als die obligate Flasche Wein oder den Blumenstrauß oder gar eine vorgedruckte Geburtstagskarte mit Firmenlogo und eingedruckten Unterschriften! Lassen Sie sich von unseren Vorschlägen inspirieren! Doch lesen Sie zuerst die **In-and-out-Liste:**

IN ist	OUT ist
Eine persönliche, von Hand geschriebene, zur Person passende Karte, die vom gesamten Team unterzeichnet ist	Eine vorgedruckte Geburtstagskarte mit Firmenlogo
Ein Gutschein für eine Wellness-Anwendung	Eine Flasche Wein/Schachtel Pralinen
Ein Blumenstrauß mit den jeweiligen Lieblingsblumen	Irgendein Blumenstrauß
Ein zusätzlicher freier Tag	Früher Feierabend
Ein Überraschungsfrühstück mit Tageszeitung am Bürotisch	Standard-Aperitif, wie schon oft gehabt
Eine SMS-Nachricht	Gar keine Nachricht!
Eine lustiges Gratulationsplakat am Eingang	Kein Hinweis auf den besonderen Tag …
Ein auf die Person zugeschnittenes Geschenk	Geschenk für jedermann/-frau
Ein herzliches, ehrliches «Happy Birthday» mit Händedruck und Augenkontakt	Ein flüchtiges «Alles Gute zum Geburtstag» zwischen Tür und Angel
Eine Schallplatte/CD vom Geburtsjahr	Irgendeine Schallplatte/CD, die im Regal verstaubt

Eine Einweg-Kamera (um schöne Momente am Geburtstag auf Bild festzuhalten)	Ein gestelltes Gruppenfoto
Ein Gutschein für das Lieblingsgericht im Lieblingsrestaurant	Irgendein Gutschein

Weitere Geburtstags-Geschenkideen:

- Vermerken Sie auf einer Pinnwand im Eingangsbereich den Geburtstag ausgewählter Personen, sodass es für alle ersichtlich ist, auch für Kunden.
- Schenken Sie einen Gutschein für ein Dinner, bei dem ein Privatkoch für sechs Personen zu Hause kocht.
- Eine Woche lang Croissants und Kaffee an den Arbeitstisch serviert.
- Benennen Sie ein Gericht der Firmenkantine nach einem Mitarbeiter. So wird er in der Firma unsterblich!
- Eine 500-Euro-Spende im Namen eines bestimmten Mitarbeiters an eine gemeinnützige Organisation seiner Wahl.
- Einen Beauty- und Wellness-Tag.
- Einen Sack Gartenerde und 100 Sonnenblumenkerne zum Anpflanzen.
- Zwei Karten für eine Silvestergala.
- Einen Gutschein einer Reinigungsfirma für den Frühlingsputz der Privatwohnung.
- Bezahlung der Wohnungsmiete für einen Monat.
- Buchen Sie einen Babysitter für einen Abend.
- Organisieren Sie einen Kinobesuch mitten am Nachmittag.
- Pflanzen Sie einen Baum auf dem Firmengelände.
- Spielen Sie eine Runde Monopoly mit dem Team.
- Bezahlen Sie die private Telefonrechnung für den Geburtstagsmonat.
- Schenken Sie ein handsigniertes Buch.
- Laden Sie eine beliebte Person zu einem Kaffeekränzchen ein (Berühmtheit, ehemalige Mitarbeiter, Verwandte etc.).
- Organisieren Sie einen Backstageausweis für den Auftritt einer Musikgruppe, die gerade auf Tournee ist.
- Schenken Sie ein Jahresabonnement für eine Zeitschrift.

Geburtstag

- Vermerken Sie den Geburtstag auf der Firmenhomepage (mit direktem E-Mail-Link zum entsprechenden Mitarbeiter).
- Gutscheine sind beliebt! Achten Sie darauf, dass Sie mit dem Geschenkgutschein den Geschmack des Geburtstagskindes treffen!
  Es bieten sich Gutscheine an für:
    – eine Reitunterrichtsstunde
    – einen Kinobesuch mit Popcorn und Cola
    – eine Fechtunterrichtsstunde in einem Fechtklub
    – einen Bierbrauerkurs
    – ein aktuelles Musik- oder Comedy-Festival
    – eine Stunde im Flugsimulator
    – einen Barmixerkurs
    – einen Kochkurs bei einem prominenten Küchenchef (Sushi, asiatisch, mexikanisch etc.)
    – einen Goldschmiedekurs
    – einen Fallschirmabsprung
    – eine Heißluftballonfahrt
    – einen Wellness-Tag
    – einen Antischleuderkurs mit dem Auto
    – einen Tanzkurs (Standardtänze, Tango, Salsa etc.)
    – einen Malkurs
    – einen Kletterkurs
    – eine 200-Euro-Einkaufstour in einem Kaufhaus
    – eine Saisonkarte für die Lieblingsfußballmannschaft
    – zehn Autoreinigungen

Pausen

Pausen eignen sich ideal, um gezielt zu motivieren. Immer nach dem gleichen Muster abgehalten, verkommen sie aber mit der Zeit zur Routine. Das Gleicher-Ort-, Gleiche-Zeit-Syndrom hat Einzug gehalten! Dabei gibt es täglich, wöchentlich und monatlich dutzende Gelegenheiten, den Arbeitstag motivierend zu gestalten!

- Schreiben Sie jeden Tag eine neue Frage auf ein Flipchart und geben Sie am nächsten Tag (zusammen mit der neuen Frage) die Lösung bekannt. Beispiel: «Wo fanden die Olympischen Sommerspiele 1976 statt?» oder «Welchen Vornamen hat unsere Marketingleiterin?» oder «Welchen neuen Kunden konnten wir diese Woche für uns gewinnen?»
- Stellen Sie an einen ruhigen Ort einen bequemen Liegestuhl und einen Wecker hin, damit Ihre Mitarbeiter einen fünf- bis zehnminütigen Powerschlaf genießen können.
- Bestellen Sie einmal pro Woche einen mobilen Massage-Service ins Haus.
- Stellen Sie im Pausenraum Gesundheitssitzbälle zur Verfügung.
- Gehen Sie nach draußen und spielen Sie Federball oder Frisbee, wenn Sie die Möglichkeit dazu haben. Es gibt viele Sportarten, aber kaum eine, die man mit so wenig Aufwand, Vorbereitung und Kosten ausüben kann wie das Federballspiel. Zwei Schläger, einige Bälle und ein Platz, z.B. auf einer ruhigen Straße, genügen fürs Vergnügen.
- Zeigen Sie während einer Pause in der Kantine einen lustigen Kurzfilm oder eine Fernsehshow, die gerade aktuell ist.
- Organisieren Sie eine Tee- oder Joghurt-Verkostung mit fünf verschiedenen Sorten.
- Legen Sie ein Wochenmotto fest, z.B. «Tropicana»: Schaffen Sie eine sommerliche Atmosphäre, indem Sie Sand und Muscheln, Liegestühle und Sonnenschirme aufstellen sowie Vitamincocktails und Früchte anbieten. Für eine intensive

Erholungsphase ist auch das Umfeld wichtig. (Benutzen Sie das Sommermobiliar einfach im Winter!)

- Organisieren Sie ein Informationshappening zu den Pausenzeiten, wo alles über Obst, Früchte, Brot, Milch etc. erklärt wird:
  - Ein Bauer schenkt frische Milch aus und erzählt gleichzeitig, woher die Milch kommt (für Großstädter, die es vergessen haben).
  - Ein Bäcker bringt frisches Zopfgebäck und zeigt gleichzeitig, wie man es macht.
  - Ein Getränkehersteller kommt mit einer alten Apfelpresse vorbei und presst vor den Augen der Mitarbeiter Apfelmost.
  - Ein Schokoladenhersteller erklärt die Zutaten eines Schokoriegels.
- Spielen Sie eine fröhliche Musik-CD oder lassen Sie einfach das Lokalradio im Hintergrund laufen. Organisieren Sie dabei eine CD-Börse, wo alte CDs untereinander getauscht werden können.
- Schreiben Sie den Witz des Tages (aus der Zeitung oder aus dem Internet) auf ein Blatt Papier, hängen diesen an die Türe zum Pausenraum und sorgen damit für eine Aufmunterung. Lachen macht attraktiv und fördert das Wohlbefinden und die Durchblutung.
- Veranstalten Sie zur Abwechslung Powerbreaks mit verschiedenen Fruchtsäften und demonstrieren Sie selbst Lockerungsübungen. Zehn Minuten Entspannung bedeuten zwei Stunden Schlaf. Nachher arbeiten Ihre Mitarbeiter viel effizienter. Die verlorene Zeit wird doppelt wieder hereingeholt.
  - Reiben Sie Ihre Hände aneinander, bis sie warm und aufgeladen sind, und legen Sie sie über die Augen. Spüren Sie die sanfte Dunkelheit?
  - Machen Sie Kreise oder Achterbewegungen für Fuß-, Knie- und Hüftgelenke; Hand-, Ellenbogen- und Schultergelenke; Becken, Brust und Kopf.
  - Strecken und recken Sie sich wie eine Katze. Atmen Sie tief durch und denken Sie daran, nie ein Gähnen zu unterdrücken.

- Servieren Sie zur Weihnachtszeit Glühwein (ohne Alkohol) und reichen Sie dazu Kekse.
- Gehen Sie an einem heißen Sommertag von Büro zu Büro und verteilen Sie an Ihre Mitarbeiter Eis.
- Gehen Sie von Abteilung zu Abteilung und verteilen Sie Gebäck zur Kaffeepause.
- Stellen Sie jedem Mitarbeiter einen Mohrenkopf zum Naschen auf den Bürotisch.
- Hängen Sie einmal zur Verblüffung der anderen an der Eingangstüre des Pausenraumes die Notiz auf, dass die Pause doppelt so lange dauern wird als normal.

Geschenkideen zur Geburt

Jede Mutter und jeder Vater freut sich über originelle, mit Bedacht ausgesuchte Geschenke zur Geburt eines Kindes. Anstelle eines langweiligen Blumenstraußes (zehn andere stehen wahrscheinlich schon im Krankenhauszimmer) könnten Sie motivierendere Geschenke machen:

- Baby-Badetuch mit Kapuze.
- Eröffnen Sie für das Kind ein Sparbuch, auf das Sie jeden Monat fünf Mark überweisen.
- Ein schönes Fotoalbum von Anne Geddes.
- Das Buch «Körpersprache von Kindern» von Samy Molcho oder ein Fachbuch über Baby-Körpermassage.
- Gestalten Sie für das Baby eine eigene Homepage.
- Reservieren Sie für das Kind eine Homepage-Adresse.
- Dekorieren Sie einen 60 x 80 cm großen Bilderrahmen, durch den alle Besucher gucken, während der Vater das Foto schießt. So haben die Eltern später ein lustiges Besucheralbum als Erinnerung für ihr Kind.
- Eine Einwegkamera, um die besonderen Momente fotografisch festzuhalten.
- Eine Wärmeflasche in Teddybärform.
- Eine Ausgabe der «New York Times» oder sonst einer Tageszeitung vom Tag der Geburt des Kindes.
- Eine CD mit dem aktuellen Nr.-1-Hit der Charts, versehen mit einer Widmung. In 20 Jahren wird diese CD als Erinnerungsstück wie Gold behandelt.
- Kinder-CD mit Liedern zum Einschlafen.
- Kaufen Sie eine Besitzurkunde für einen Stern oder einige Quadratmeter des Mondes auf den Namen des Kindes. Dazu gibt es seriöse Zertifikate.
- Verwöhngutschein für die Mutter (zum Beispiel für einen Beauty-Tag etc.).
- Putzfrau für einen Tag, damit zum Beispiel der Frühlingsputz erledigt wird.
- Einen freien Tag, damit der Vater mehr Zeit bei seiner jungen Familie verbringen kann.

- Babypflegeartikel, in einem originell verpackten Korb.
- Geburtstagstorte aus Pampers.
- Den Blumenstrauß anstatt ins Krankenhaus später nach Hause schicken.
- Abonnement für eine Fachzeitschrift zur Kindererziehung, zum Beispiel «Eltern».
- Happy-Baby-CD mit sanften Babyliedern.
- Horoskop des Babys in Form eines Zertifikats.
- Gutscheinmöglichkeiten für:
  - einen Babysitter, damit das Paar später einmal einen Tag frei machen kann.
  - ein Jahr lang kostenlose Pampers.
  - eine Übernachtung in einem Familienhotel (Babysitting inbegriffen).
  - den Einkauf in einer Kinderboutique.
  - eine Erholungsmassage für Mama.
  - Kurse für Babymassage oder erste Hilfe bei Kleinkindern.
  - den Einkauf in einer Drogerie am Wohnort der Familie.

Urlaub

Die Vorfreude auf den verdienten Urlaub wird oft durch Hektik im Vorfeld getrübt. Dazu kommt, dass viele Mitarbeiter oft ein schlechtes Gewissen haben, in den Urlaub zu gehen, wohlwissend, dass die Kollegen in ihrer Abwesenheit mehr arbeiten müssen. Verblüffen Sie die «Urlauberin» oder den «Urlauber» mit einigen motivierenden Gesten!

Vor der Abreise:

- Organisieren Sie am letzten Arbeitstag vor dem Urlaub ein Überraschungsfrühstück am Bürotisch.
- Schenken Sie das Reisebuch: «Wenn einer eine Reise tut. Von verpassten Zügen und anderen Katastrophen». Es beinhaltet 30 vergnügliche Berichte, Geschichten und Anekdoten aus aller Welt; gibt gute Tipps und nennt wichtige Adressen.
- Schenken Sie ein Schweizer Messer, speziell geeignet für Mitarbeiter, die Abenteuerreisen bevorzugen.
- Sonnencreme, Badetuch oder Badelatschen (in richtiger Größe).
- Eine passende CD-ROM, um die «Urlaubssprache» zu lernen.
- Bücher mit den wichtigsten Urlaubstipps und Sprachgepflogenheiten des Urlaubslandes sowie eine Lernkassette für die richtige Aussprache.
- Bargeld in der Währung des Reiselandes, zum Beispiel für ein erstes Abendessen, einen Drink etc.
- Fährt der Mitarbeiter in den Skiurlaub, schenken Sie ihm einen Tagesskipass oder eine Sonnenschutzcreme fürs Gesicht.
- Eine Liste mit Links zu guten Websites seiner Reisedestination tut auch gute Dienste.
- Schenken Sie ein Luxusessenspaket für die Reise im Flugzeug (das hat so lange Berechtigung, bis das Essen im Flugzeug endlich genießbar wird …).
- Eine Telefonkarte für das jeweilige Land, um international telefonieren zu können.

- Schenken Sie einen Gutschein für die Fahrt zum Flughafen per Taxi oder im Zug erster Klasse. Schlagen Sie vor, Ihren Mitarbeiter zu Hause abzuholen und zum Flughafen zu fahren.
- Organisieren Sie, dass eine Flasche Champagner aufs Zimmer, im Zug oder im Flugzeug (mit lieben Grüßen von allen Arbeitskollegen) serviert wird.
- Schreiben Sie dem jeweiligen Mitarbeiter eine persönliche Karte zu seinem bevorstehenden Urlaub und beziehen Sie seine Familie im Text mit ein.
- Schenken Sie einen Sandeimer mit Schaufel oder ein Paar Schwimmflügel.
- Schenken Sie einen Einwegfotoapparat für Schnappschüsse.
- Ein Notfallpaket für eventuellen Muskelkater im Ski- oder Sporturlaub oder für Sonnenbrände.
- Eine Reiseapotheke.
- Einen kleinen Reiseradio mit Kopfhörer oder einen Reisewecker.

Bei der Rückkehr:

- Schicken Sie eine «Willkommen-zurück»-Karte an die Privatadresse.
- Heißen Sie den Mitarbeiter bei seiner Rückkehr willkommen, indem Sie bereits beim Firmeneingang ein Begrüßungsschild aufhängen.
- Überhäufen Sie Ihren Mitarbeiter am ersten Arbeitstag nach dem Urlaub nicht mit Terminen. Zwei Chaostage hintereinander und Ihr Mitarbeiter ist wieder urlaubsreif.
- Stellen Sie auf den Bürotisch Ihres Mitarbeiters eine Duftkerze, die ihn an seinen Urlaubsort erinnern soll.
- Organisieren Sie einen Lunch mit Sandwiches, damit der Mitarbeiter seine Urlaubserlebnisse erzählen kann.
- Schenken Sie einen Solarium-Gutschein für anhaltende Bräune.
- Schenken Sie einen Fotorahmen als «Herzlich Willkommen»-Geschenk mit dem Vermerk: «Für die schönste Urlaubserinnerung».

- Ein Paket mit After-Sun-Lotion für anhaltende Bräune sowie mit einem speziellen Pflegeshampoo für (von der Sonne) strapaziertes Haar.
- Gutschein für einen Bügel- oder Wäscheservice.
- Stellen Sie auf den Bürotisch des Mitarbeiters eine Spezialität des Landes, z.B. exotische Früchte, chinesischer Tee, spezieller Reis, Curry-Gewürz, arabischer Kaffee etc.

Gesundheit

Nur ein gesundes Team ist in der Lage, Spitzenleistungen zu erbringen. Geben Sie folgende Tipps an Ihre Mitarbeiter weiter:

• Spannen und lösen!

Oft fühlen wir Anspannung erst dann, wenn wir sie verstärken und wieder loslassen. Ballen und lösen Sie Ihre Hände. Ziehen Sie Ihre Schultern hoch und lassen sie wieder langsam los.

• Ruhen Sie Ihre Augen aus!

Reiben Sie Ihre Hände aneinander, bis sie warm und aufgeladen sind, und legen Sie sie über die Augen. Spüren Sie die sanfte Dunkelheit?

• Öffnen Sie Ihre Gelenke!

Machen Sie Kreise oder Achterbewegungen für Fuß-, Knie- und Hüftgelenke; Hand-, Ellenbogen- und Schultergelenke; Becken, Brust und Kopf.

• Mobilisieren Sie die Lebensgeister!

Strecken und recken Sie sich wie eine Katze. Atmen Sie tief durch und denken Sie daran, nie ein Gähnen zu unterdrücken.

• Trinken Sie möglichst viel!

Täglich zwei bis drei Liter kohlensäurefreies Wasser oder ungezuckerten Kräutertee trinken, denn der Körper besteht zu 70 Prozent aus Wasser. Viel Flüssigkeit fördert die Konzentrationsfähigkeit.

• Lächeln Sie sich zu!

Lachen macht attraktiv und fördert das Wohlbefinden und die Durchblutung.

• Machen Sie mal Pause!

Zehn Minuten Entspannung bedeuten zwei Stunden Schlaf. Nachher arbeiten Sie viel effizienter. Sie holen die verlorene Zeit doppelt wieder herein.

• Essen Sie sich gesund!

Nehmen Sie vollwertige, biologische, basenreiche und viel rohe pflanzliche Lebensmittel zu sich. In Ruhe essen, gut kauen und vor allem genießen!

• Beschenken Sie sich!

Tun Sie sich etwas Gutes mit Zeit, mit Unterhaltung, mit Ruhe, mit Entspannung, mit Spannung, mit Lesen, mit Spielen, mit einem Bad, einem Spaziergang, einem Gespräch oder etwas anderem, das Sie gerne machen bzw. haben.

• Leben Sie jetzt!

Rennen Sie nicht der Vergangenheit nach und eilen Sie nicht der Zukunft voraus. Leben Sie den Moment!

Überarbeitete Mitarbeiter

Gute Coachs kümmern sich um ihre Teammitglieder! Dies ist vor allem dann wichtig, wenn extrem viel gearbeitet werden muss. Gerade dann sollte eine Führungskraft motivierend einwirken und die Stimmung steuern. Das Demotivierendste überhaupt ist, wenn Mitarbeiter feststellen, dass Ihnen als Führungskraft die Überarbeitung und oft auch Überforderung nicht bewusst ist. Dass Sie die Situation gar nicht richtig einschätzen und nichts unternehmen. Sobald Mitarbeiter über eine längere Zeitdauer ohne Erholungsphase arbeiten, lässt die Produktivität, die Effizienz und die Motivation nach. Ist zudem keine Besserung in Sicht, führt dies zur inneren Kündigung. **Hier sind einige wertvolle Tipps, wie Sie dies verhindern können:**

- Ihre Mitarbeiter müssen merken, dass es Ihnen bewusst ist, wie viel gearbeitet wird. Es ist auf die Dauer demotivierend für Mitarbeiter zu spüren, dass der Chef Überstunden als Normalität empfindet, das ist bei Ihnen bestimmt nicht anders.
- Erklären Sie Ihrem Team, weshalb derzeit so viel Arbeit anfällt. Erklären Sie vor allem den Hintergrund der derzeitigen Überlastung.
- Erklären Sie Ihnen auch, wie Sie dieses Problem zu lösen gedenken respektive wie die Situation in Zukunft verbessert werden kann (neue Mitarbeiter, kleinere Auftragsvolumen etc.).
- Sorgen Sie für noch klarere Arbeitsbereiche. Helfen Sie den einzelnen Teammitgliedern vermehrt Nein zu sagen.
- Fragen Sie Ihr Team, was es von Ihnen benötigt (Hilfsmittel), um möglichst gut durch diese Stresszeit zu gelangen.
- Geben Sie öfters und gezielter Feedback auf die geleistete Arbeit. Das gibt Sicherheit, und das Team weiß dann wenigstens, dass der Tag nicht nur hart, sondern auch erfolgreich war. Geben Sie persönliche Feedbacks. Hinterlassen Sie beispielsweise «Bravo»-Notizen, spendieren Sie

eine Runde Kaffee, schicken Sie kurze Mails oder bringen Sie ganz einfach einen Kuchen mit in die Kaffeepause.

- Legen Sie großen Wert auf gesunde Ernährung und Ruhe während der Essenspausen Ihrer Mitarbeiter. Je mehr gearbeitet wird, desto wichtiger werden die kurzen Erholungspausen. (Fragen Sie sich mal, was passiert, wenn zehn Prozent Ihres Teams in dieser Phase an einer Grippe erkrankt, nur weil die Rahmenbedingungen nicht stimmen.)
- Denken Sie ans Lachen! Je härter gearbeitet wird, desto öfter sollte man auch einmal etwas zu lachen haben. Das lockert auf und gibt neue Kraft.
- Heben Sie die Leistung Ihres Teams in Ihren Meetings besonders hervor, das wird die Runde machen und viel zu einer guten Stimmung beitragen.
- Gehen Sie mit Ihren Mitarbeitern in Klausur und hinterfragen Sie Arbeitsmethodik, Arbeitsaufteilung etc. Erarbeiten Sie Lösungsvorschläge, wie in Zukunft derartige Stresssituationen vermieden werden können. Immer wieder den gleichen Fehler zu begehen, das zeugt ja bekanntlich nicht von hoher Lernfähigkeit …

Hier sind noch einige, auf überarbeitete Mitarbeiter maßgeschneiderte, Motivationstipps:

- Organisieren Sie am Arbeitsplatz oder in der Freizeit: 1/2 Stunde Massage, Pediküre, Maniküre, Coiffeur, Massage, Physiotherapie, Entspannungsübungen, Bewegung/Sport etc. Diese Maßnahmen werden sehr geschätzt und tragen viel zu einer Verbesserung der Situation bei.
- Schenken Sie einen Antistressball, den man überall hin mitnehmen kann und der beruhigend wirkt.
- Sagen Sie öfters Danke und loben Sie täglich – auch für sogenannte Kleinigkeiten.
- Legen Sie selbst mit Hand an und arbeiten Sie als Chef auf keinen Fall weniger als Ihr Team.
- Stellen Sie für einfache Arbeiten Studenten oder Freelancer ein, die Ihre Mitarbeiter gezielt entlasten können.
- Engagieren Sie einen Trainer, der Ihrem Team wertvolle Tipps im Umgang mit Stress geben kann.

- Stellen Sie mehr frische Blumen und Pflanzen in die Büros.
- Verschenken Sie einen Gutschein für ein Wellness-Wochen-ende, ein Fitness-Abo etc.
- Organisieren Sie einen Wasch-, Bügel- und/oder Putzdienst.
- Organisieren Sie einen Einkaufsservice für Ihre Mitarbeiter! Die Situation ist teilweise prekär: Schlechte Ladenöff-nungszeiten, schlechte Parkmöglichkeiten, mangelnde Zeit, Stresssituationen durch langes Anstehen an Kassen etc. Sie wissen gar nicht, wie viel Erleichterung Sie Ihren Mitarbei-tern mit diesem Service verschaffen!
- Gehen Sie von Mitarbeiter zu Mitarbeiter und verteilen Sie Vitamindrinks, Obst und Mineralwasser.

Tipps für Gestresste

In Stresssituationen fühlt man sich verwirrt und desorientiert. Dies findet meist auch Ausdruck in einer asymmetrischen oder schiefen Körperhaltung. Eine Auf- und Ausrichtung des Körpers wirkt auf den seelischen Zustand zurück, und Ihre Gedanken werden klarer. Auch die Vorstellung von der Existenz einer Energiesäule in der Wirbelsäule fördert eine kraftvolle, aufrechte Haltung.

Atem

Einige Male hintereinander tief durchatmen und die Schultern fallen lassen! Dadurch wird die Sauerstoffversorgung im Blut erhöht und die Aufmerksamkeit von der Bedrohung abgelenkt. Somit konzentriert sich die Aufmerksamkeit auf die lebenserhaltenden Körperprozesse. Sie kennen sicher das Sprichwort, dass «einem die Angst im Nacken sitzt». Durch die Gegenreaktion des Schultern-fallen-Lassens wird automatisch die Entspannung eingeleitet.

Gähnen

mit kleinen Seufzern. Beginnen Sie mit einem tiefen Atemzug. Öffnen Sie dabei weit den Mund und gähnen Sie dann in Verbindung mit kleinen Seufzern. Dies führt zu einer spontanen Entspannung der Gesichts- und Kiefermuskulatur. Gähnen beruhigt uns, wenn wir erregt sind, hellt unsere Stimmung auf, wenn wir bedrückt sind.

Singen und Summen

Hmmm. Lassen Sie dieses Geräusch als Vibration im ganzen Körper sich ausbreiten. Konzentrieren Sie sich dabei auf die Wahrnehmung der einzelnen Körperempfindungen. Da sich der Klang durch den ganzen Körper bewegt, löst er auf sanfte Weise innere Blockaden.

Schimpfen

Äußern von Unmutslauten (in Form von Knurren, Brummen, Prusten) dient dazu, gewohnheitsmäßige Anspannung in der Mundregion zu lockern.

Übung mit den Augen

Langsames Augenkreisen und Anheben des Blickes hebt sofort Ihre Stimmung. Schauen Sie nach oben statt nach unten. Das Anheben des Kinns erhöht die Wirkung zusätzlich.

Handinnenfläche an die Stirn

Es kann auch hilfreich sein, die eine Handinnenfläche an die Stirn und die andere an den Hinterkopf zu legen.

«Moments of Excellence»

Rufen Sie aus Ihrer Erinnerung beglückende Erinnerungen ab. Finden Sie über die entsprechenden Auslöser Zugang zu Gelassenheit, innerer Ruhe und weiteren mentalen Ressourcen, die Sie in diesem Moment so dringend brauchen. Erinnern Sie sich an (ähnliche) Situationen in Ihrer Vergangenheit, die Sie erfolgreich gemeistert haben und finden Sie damit eine optimistische Sichtweise für die Bewältigung der momentanen Situation.

Erinnern Sie sich an eine liebevolle Person,

die Sie beschützen kann. Stellen Sie sich diese Person möglichst plastisch vor, sprechen Sie sie in Gedanken an und vertrauen Sie sich ihrer Hilfe an. Finden Sie so Zugang zu neuen Ideen und Wege aus der belastenden Situation.

Schlüpfen Sie in die Rolle einer erfolgreichen Person,

und stellen Sie sich genau vor, was diese Person in einer schwierigen Situation tun würde. Was können Sie von dieser Person lernen und übernehmen?

Sprachliche Technik

Eine kurzzeitige Ablenkung erreichen Sie durch das Wiederholen von Mantras (z.B. Om). Nützlich ist auch der bekannte
Tipp, vor jeder allzu schnellen Entscheidung oder Reaktion
zuerst bis drei zu zählen.

Motivation ausländischer Mitarbeiter

Jeder, der schon einmal im Ausland gearbeitet hat, kennt das Gefühl, Ausländer zu sein. Weit weg vom gewohnten Umfeld, haben Mitarbeiter spezielle Bedürfnisse. Als Führungskraft lohnt es sich, diese Bedürfnisse zu analysieren und entsprechende Maßnahmen für die Motivation zu ergreifen. Einige Gedanken dazu:

- Begegnen Sie ausländischen Mitarbeitern offen und herzlich. Verhalten Sie sich wie ein Gastgeber!
- Verhalten Sie sich vor allem so, wie Sie selbst in einem fremden Land behandelt werden möchten.
- Oft reisen Gastarbeiter in ihrem Urlaub in ihre Heimat. Achten Sie deshalb darauf, dass mindestens drei Urlaubswochen zusammenhängend gewährt werden können.
- Achten Sie in der Presse auf Artikel über das entsprechende Land:
  - Herrscht Krieg?
  - Passierte gerade eine Naturkatastrophe?
  - Finden wichtige Sportveranstaltungen statt? Bei einer wichtigen Sportveranstaltung können Sie zum Beispiel einen Fernseher in der Firma zur Verfügung stellen.
- Sprechen Sie mit Ihren ausländischen Mitarbeitern über solche Themen, zum Beispiel in der Pause. Sie können so wesentlich zu einem verständnisvollen und guten Klima beitragen.
- Setzen Sie auch kulinarische Akzente. Die Ernährungsumstellung ist von zentraler Bedeutung.
  - Organisieren Sie Getränke und Speisen aus dem jeweiligen Land.
  - Überraschen Sie die Mitarbeiter mit speziellen Pausengetränken aus dem jeweiligen Land.
- Bieten Sie Sprachkurse in der Firma an, damit sich die ausländischen Mitarbeiter möglichst schnell integrieren können.
- Helfen Sie, sprachliche Barrieren zu überwinden.

- Bieten Sie Hilfe an im Umgang mit Behörden, Ämtern, Versicherungen etc.
- Verteilen Sie spezielle Infobroschüren, die mithelfen, dass sich ausländische Mitarbeiter am Wohnort schnell integrieren können. (Kulturelle Informationen, Fitnesscenter-Adressen, Restaurantführer, Naherholungsgebiete etc.)
- Achten Sie darauf, dass ausländische Mitarbeiter in Ihrem Unternehmen gleichberechtigt behandelt werden.

Vorstellungsgespräche, die motivieren

Weshalb nennt man Vorstellungsgespräche Vorstellungsgespräche? Weil zwei sich eine Vorstellung geben! Der Bewerber stellt sich selbst in ein vorteilhaftes Licht, nennt seine Fähigkeiten und versucht, einen herausragend guten Eindruck zu hinterlassen. Das ist völlig legitim. Nicht legitim ist es, wenn ein Bewerber sich als omnipotent verkauft, als Profi für alles und jedes.

Der Arbeitgeber seinerseits stellt sein Unternehmen im besten Licht dar. Auch das ist absolut in Ordnung, ja sogar wünschenswert, denn wer sollte denn mehr vom Unternehmen überzeugt sein, als die, die im Unternehmen arbeiten?! Nicht legitim allerdings ist es, wenn der Personalchef von guter Stimmung spricht, wenn keine gute Stimmung herrscht. Oder wenn er den Geschäftsgang als hervorragend beschreibt, obwohl noch zwei wichtige Kunden fehlen, um die geplanten Umsätze zu erreichen. Ehrlichkeit bei beiden Parteien ist von größter Wichtigkeit bei Vorstellungsgesprächen. Schwächen oder Mängel anzusprechen anstelle sie zu verheimlichen, zeugt von Größe. Dabei kann man gegenseitig Vertrauen fassen. Zudem bietet ein ehrliches Gespräch die bessere Ausgangslage und auch mehr Aussichten auf Erfolg. Ein neuer Mitarbeiter merkt sehr schnell, ob im Unternehmen das gelebt wird, was ihm beim Vorstellungsgespräch erzählt wurde. Andererseits merkt ein Unternehmen sehr schnell, ob ein Kandidat so gut ist, wie er sich im Vorstellungsgespräch dargestellt hat …

Vorbereitung auf das Bewerbungsgespräch

1. Informieren Sie den Kandidaten detailliert über den Weg zu Ihrem Unternehmen.
2. Teilen Sie dem Kandidaten mit, wie lange das Interview dauern wird.
3. Senden Sie dem Bewerber in jedem Fall schon im Voraus Ihre Firmendokumentation als Information.
4. Informieren Sie die Empfangsmitarbeiter (Name des Kandidaten und Zeit des Termins bekannt geben).
5. Reservieren Sie rechtzeitig ein Sitzungszimmer oder ein ruhiges Büro. Machen Sie auf keinen Fall den Fehler, Interviews in einem Raum abzuhalten, wo Sie andauernd gestört werden. (Niemals an der Bar oder im Restaurant!)
6. Sorgen Sie für eine entspannte, lockere Atmosphäre. Dazu gehört auch das Bereitstellen von Getränken.
7. Falls Sie planen, Vorgesetzte zu einem späteren Zeitpunkt in das Gespräch mit einzubeziehen, dann stellen Sie sicher, dass diese die nötigen Informationen besitzen. Gehaltsansprüche, Konditionen etc. sollten Sie unbedingt vorher miteinander absprechen, um Peinlichkeiten zu vermeiden.
8. Stellen Sie sich irgendwo eine Uhr auf, damit Sie die Zeit im Blick haben und Sie nicht immer auf die eigene Uhr schauen, was dem Bewerber ein Gefühl von Massenabfertigung geben könnte.
9. Studieren Sie die Bewerbungsunterlagen und machen Sie sich Notizen:
   – Wo weist der Lebenslauf Lücken auf?
   – Wo fehlen Dokumente?
10. Ergänzen Sie Ihre Frageliste mit zusätzlichen individuellen Fragen, die Sie dem Kandidaten stellen möchten, um bestehende Informationslücken zu schließen.

Interview-Checkliste

A. Vor dem Interview	B. Interviewbeginn

1. Informieren Sie die Empfangs-mitarbeiter über den Besuch
2. Bewerbungsunterlagen lesen
3. Interview-Checkliste behalten
4. Stellenbeschreibung mitneh-men
5. Firmendokumentation bereit legen
6. Besprechungsraum kontrollie-ren
7. Für störungsfreies Interview sorgen
8. Vorgesetzten informieren
	1. Eine Frage des Respekts: Pünktlichkeit!
	2. Schaffen Sie eine angenehme Atmosphäre:
	  – Getränk offerieren
	  – «Schön, dass wir uns kennen-lernen»
	3. Erklären Sie den Interviewablauf
	4. Vermeiden Sie Streitfragen
	5. Stellen Sie keine Suggestiv-fragen
	6. Achten Sie auf die nonverbale Kommunikation!

C. Interviewverlauf	D. Interviewschluss

1. Stellen Sie sich und das Unter-nehmen vor
2. Liefern Sie Informationen über die Stelle:
  – Organisatorische Positio-nierung
  – Arbeitsplatz
  – Mitarbeiter
  – Umfeld
  – Hierarchische Gliederung
  – Kundenumfeld
  – Internes Beziehungsumfeld
  – Verantwortung und Kompetenzen
  – Gehalt, Benefits
3. 60 Prozent Gesprächsanteil hat der Kandidat!
4. Keine Suggestivfragen stellen
5. Notieren Sie sich nur das Not-wendigste!
6. Schauen Sie nie auf die Uhr!
	1. Kandidaten Zeit für Fragen geben
	2. Interview zusammenfassen
	3. Kandidaten Ihren Eindruck weitergeben
	4. Fragen, ob Interesse seiner-seits besteht
	5. Offene Punkte festlegen
	6. Weiteres Vorgehen besprechen
	7. Kandidaten verabschieden
	8. Interview zusammenfassen (Eindrücke)

Gesprächsauswertung

Aussagen:	Stimmt	Geht so	Nein
«Der Kandidat macht mir einen sympathischen Eindruck. Sein Auftritt hat mich überzeugt.»			
«Die beruflichen Qualifikationen entsprechen den Anforderungen der Stelle.»			
«Die Intelligenz und Ausbildung reicht aus, um die Funktion erfolgreich auszufüllen.»			
«Der Kandidat wird sich gut in das bestehende Team eingliedern.»			
«Der Kandidat kann sich mit unserem Unternehmen und unserer Mission voll und ganz identifizieren.»			
«Ich kann den Kandidaten meinem Vorgesetzten und meinem Team empfehlen/vorschlagen.»			

Nachteile des Kandidaten im Hinblick auf ein erfolgreiches Engagement in unserem Unternehmen:

_____

_____

_____

_____

_____

_____

PS: Wie würde die Bewertung ausfallen, wenn der Kandidat Sie beurteilen würde?

Der erste Arbeitstag

Am ersten Arbeitstag, oder sogar noch früher, schaffen Sie bereits die Grundlage für ein hervorragendes oder eben nur durchschnittliches Arbeitsverhältnis. Je sympathischer, herzlicher, professioneller und nicht zuletzt effizienter Sie den Eintritt in Ihre Firma ermöglichen, desto besser wird später die Leistung und Identifikation des Mitarbeiters mit seiner Aufgabe in Ihrem Unternehmen sein. Über Einarbeitungsprogramme, Patensysteme, Zwischengespräche, Probezeitgespräche etc. wurde bereits viel geschrieben. Wir konzentrieren uns in diesem Buch auf drei Sachen, zu denen noch fast nichts geschrieben wurde:

- Zuerst helfen wir Ihnen mit einem Quiz, das Wissen des Mitarbeiters über Ihr Unternehmen, zu optimieren. Dies ist deshalb so wichtig, weil Wissen das Selbstvertrauen fördert und hilft, schneller Fuß zu fassen.
- Als Zweites möchten wir Sie mit einigem Input dazu motivieren, bereits zu Beginn einen verblüffend guten Eindruck zu hinterlassen. Sie möchten doch schließlich, dass der neue Mitarbeiter abends bei sich zu Hause über Ihr Unternehmen und die Menschen, die bei Ihnen arbeiten, schwärmt, oder?
- Und als Drittes greifen wir in diesem Buch ein Thema auf, das eine Situation optimiert, die wohl alle kennen, aber niemand liebt. Sie erhalten Tipps rund um das Thema: Wie präsentiere ich mich als Führungskraft meinen neuen Mitarbeitern. Zum Beispiel dann, wenn Sie selbst eine neue Stelle antreten.

Ein Quiz zum Eintritt

Dieses Quiz, das auf Ihr Unternehmen maßgeschneidert ist, hilft mit, den Wissensstand und die Motivation der Mitarbeiter zu fördern. Dies ist insbesondere bei neuen Mitarbeitern von großer Wichtigkeit. Einen verblüffenden Effekt erreichen Sie, wenn Sie die Fragen in ein Kreuzworträtsel verwandeln, das mit einem auf die Firma abgestimmten Lösungswort oder -satz endet.

Der erste Arbeitstag

1. Geschichte

Wer hat unsere Firma gegründet und wann?

_____

Mit welcher Rechtsform ist sie im Handelsregister eingetragen?

_____

In welchen Ländern sind wir vertreten?

_____

2. Kultur

Was steht in unserem Leitbild bezüglich Mitarbeiter?

_____

Wie werden Sie von der Firma in punkto Weiterbildung unterstützt?

_____

Was verstehen Sie unter «Kundenorientierung»?

_____

Wie lautet unser Telefon-Begrüßungsstandard
(genauer Wortlaut)?

_____

Wie erklären Sie einem Kunden den direkten Weg zu unserer Firma?

_____

Wie lautet unser Firmencredo?

_____

3. Kunden

Wer sind unsere drei umsatzstärksten Kunden?

_____

Wer betreut diese?

_____

Für welche Branchen arbeiten wir hauptsächlich?

_____

4. Produkte/Dienstleistungen

Welche Produkte und Dienstleistungen bietet unsere Firma an?

_____

Was ist unser USP (Unique Selling Proposition)?

_____

Wodurch unterscheiden sich unsere Produkte von jenen der Konkurrenz?

_____

Wie hoch ist der jährliche Firmenumsatz?

_____

5. Team

Wer hat in Ihrem Team am 24. März Geburtstag?

_____

Wer hat den längsten Arbeitsweg?

_____

Wie viele Mitarbeiter hat das Unternehmen?

_____

Der erste Arbeitstag

Wer sitzt im Verwaltungsrat?

_____

Wann, wie oft und zu welchen Themen werden in Ihrem Team Meetings durchgeführt?

_____

Wie hoch ist das Durchschnittsalter in unserem Team?

_____

Wie viel Flüssigkeit sollten Sie täglich zu sich nehmen?

_____

Welche speziellen Benefits gewähren wir unseren Mitarbeitern?

_____

6. Arbeitsplatz

Wo befindet sich die Sanitätsbox für Notfälle?

_____

Wen kontaktieren Sie, wenn Sie Büromaterial benötigen?

_____

Wo befindet sich der nächste Feuerlöscher von Ihrem Arbeitsplatz aus gesehen?

_____

7. Organisation

Wie ist unser Organigramm aufgebaut?

_____

Wen rufen Sie an bei Computerproblemen?

_____

Wie lautet unsere Telefonnummer und E-Mail-Adresse?

_____

Sie haben einen konstruktiven Verbesserungsvorschlag, was unternehmen Sie?

_____

8. Funktion

Wer darf in unserem Unternehmen geschäftsverbindliche Briefe unterschreiben?

_____

Welche Programme stehen auf Ihrem Computer zur Verfügung?

_____

Gibt es eine Regelung betreffend Mitarbeiterkleidung?

_____

9. Zukunft

Welches ist unsere Hauptzielsetzung für das nächste Jahr?

_____

Der Einstieg als Mitarbeiter

- Informieren Sie alle Mitarbeiter im Voraus, wer neu in die Firma eintritt!
- Nutzen Sie die Chance, den neuen Mitarbeiter ideal und mit nachhaltiger Wirkung ins Team zu integrieren respektive ihm seine nächsten Mitarbeiter vorzustellen. Bilden Sie mit Ihrem Team einen Kreis (maximal zwölf Personen), nehmen Sie eine Schnur, halten Sie das Ende der Schnur fest und teilen Sie der Runde Ihren Namen, Ihre Hobbys, Ihr Lieblingsessen und Ihre Lieblingsmusik mit. Danach wer-

fen Sie das Knäuel weiter und derjenige, der es auffängt, gibt wiederum seine persönlichen Angaben preis, wiederholt jedoch ausgehend vom Schnurbeginn alle anderen Angaben. Mit dieser Übung kann sich der neue Mitarbeiter Namen und Gesichter gut merken. Dieses Spiel ist hundertfach erprobt und hinterlässt jedes Mal einen hervorragenden Eindruck!

- Machen Sie einen Rundgang und schießen Sie mit der Sofortbildkamera Fotos von den Mitarbeitern und lassen Sie diese später (mit Ihrer Hilfe) vom neuen Mitarbeiter mit den richtigen Namen beschriften. So kann man sich die Namen und Gesichter besser merken. Als Überraschung können Sie ja die Fotos an ein Mobile klippen und beim Pult aufhängen.
- Laden Sie bereits vor dem Arbeitsbeginn den neuen Mitarbeiter zu einem gemeinsamen Lunch mit dem Team ein. So kann er sich bereits akklimatisieren und lernt einige Mitarbeiter bereits vor dem ersten Arbeitstag in lockerer Atmosphäre kennen. Das können Sie auch mit anderen Veranstaltungen wie Meetings, Firmenfesten etc. tun. Alles, was dazu beiträgt, dass der Mitarbeiter sich gut integrieren kann, kommt der Firma später zugute!
- Installieren Sie einen motivierenden Willkommensspruch als Bildschirmschoner auf dem PC.
- Bestimmen Sie eine Bezugsperson (Pate/Patin), die sich um das neue Teammitglied kümmert.
- Achten Sie peinlichst genau darauf, dass der Arbeitsplatz des Mitarbeiters eingerichtet ist und seine Visitenkarten, Korrespondenzkarten etc. am ersten Arbeitstag bereitliegen. Es gibt außer schlechter Organisation keinen Grund, weshalb das nicht klappen sollte!
- Versuchen Sie, die Firma realistisch zu präsentieren. Bedenken Sie, dass der Mitarbeiter sehr schnell das wahre Bild entdecken wird …
- Schenken Sie anstelle eines Blumenstraußes einen Korb voller Orangen und eine Orangenpresse.
- Binden Sie den neuen Mitarbeiter in Meetings und Besprechungen mit ein.
- Stellen Sie die aktuellen Projekte des Unternehmens vor.

- Als Vorgesetzter sollten Sie sich für den neuen Mitarbeiter am ersten Arbeitstag auf jeden Fall Zeit nehmen. Sollten Sie nicht anwesend sein können, dann rufen Sie an oder schicken Sie eine E-Mail.
- Geben Sie dem neuen Mitarbeiter eine Liste mit Adressen von guten Restaurants, empfehlenswerten Ärzten, Zahnärzten, Fitnessstudios, Kinos, Theatern etc.

Der Einstieg als Führungskraft

Ein geglückter Start erleichtert die berufliche Weiterentwicklung. Wer den Aufstieg vom Mitarbeiter zur Führungskraft erfolgreich vollziehen will, tut gut daran, die ersten 100 Tage nicht der Selbstdarstellung, dem Übereifer oder operativer Hektik zu überlassen. Der Druck auf Mitarbeiter – insbesondere auf Führungskräfte – ist in den vergangenen Jahren merklich gestiegen. Immer mehr einschneidende Veränderungen in immer höherer Geschwindigkeit, eine schnellere Verfallzeit von Wissen, revolutionäre Veränderungen in der Firmenlandschaft sowie das aggressive Shareholder-Value-Denken bleiben nicht ohne Folgen für jene, die den Erfolg erarbeiten sollen. Dies bekommen vor allem junge Führungskräfte zu spüren.

Gefahren voraussehen – und umgehen

Die Praxis zeigt, dass das Hauptproblem vieler neuer Führungskräfte nicht bei den fachlichen Fähigkeiten, sondern im zwischenmenschlichen Bereich liegt. Doch gerade diesem wird oft zu wenig Beachtung geschenkt. Immer wieder legen junge Führungskräfte zu Beginn des neuen Arbeitsverhältnisses ein übertriebenes Chefverhalten an den Tag. Sie agieren als Alleskönner, obwohl sie sich in der neuen Funktion (mit ihren veränderten Anforderungen) erst einmal zurechtfinden und einarbeiten müssen. Ablehnung von Seiten der Mitarbeiter sowie ein von Distanz und Intoleranz geprägtes Verhältnis sind die Folge. Die in dieser Phase so wesentliche Unterstützung durch das Team bleibt dadurch aus; der wichtige Transfer von

Firmen-Know-how findet nicht statt. Doch wie sollte sich eine Führungskraft richtig verhalten? Hier einige wertvolle Tipps:

Tun Sie etwas Unerwartetes!

Meistens laufen Selbst-Präsentationen nach Schema F ab: Aperitif zur Einstimmung, gefolgt von einem Monolog oder einer netten PowerPoint-Präsentation. Erst kürzlich habe ich wieder einmal eine dieser hoch dotierten Manager beobachtet, wie er seine Mitarbeiter (er nannte sie Untergebene …) mit Leitsätzen wie «Kill to win» oder gar mit «Make no prisoners» zu erfolgreichem Handeln aufforderte. Tun Sie so etwas – und Sie haben verloren, bevor Sie überhaupt begonnen haben. Machen Sie es besser: Sie könnten zum Beispiel Ihren Lebenslauf einer handgeschriebenen Einladung beilegen, so können sich die Mitarbeiter bereits ein Bild von Ihnen machen. Der Gerüchteküche wird damit gleich Einhalt geboten, denn über Sie hat man schon längst gesprochen, da können Sie sicher sein.

Beispiel für einen Einladungstext:

«Schön, dass wir uns am kommenden Donnerstag, dem 22. Juni, persönlich kennenlernen. Damit Sie sich bereits ein Bild von mir machen können, schicke ich Ihnen meinen beruflichen Lebenslauf. Welche Wünsche und Anregungen Sie für unsere Zusammenarbeit haben und wie Sie sich eine erfolgreiche Zukunft unserer Firma vorstellen, darüber möchte ich mich mit Ihnen und Ihren Kollegen am Donnerstag gerne unterhalten. Ich freue mich darauf!»

So oder ähnlich schaffen Sie sich die ideale Ausgangslage für Ihren Start!

Ein motivierender Workshop anstelle eines langweiligen Monologs

- Bevor Sie von sich und Ihren Zielen sprechen, lohnt es sich, die Mitarbeiter zuerst zu befragen. Wie sehen sie die Firma? Wo liegt das Optimierungspotenzial? Wer hat eine Frage, die ihm auf der Zunge brennt? Welche Anforderungen und Wünsche haben die Mitarbeiter an ihren neuen Chef? Solche und andere Fragen könnten in verschiedenen Gruppen erarbeitet und anschließend präsentiert werden. Sie werden staunen, was Sie zu hören bekommen.

- An zweiter Stelle, da es schlicht weniger wichtig ist, könnten Sie erzählen, wie Sie sich die Zusammenarbeit vorstellen, welche Stärken Sie besitzen und (wenn es Ihre Sozialkompetenz zulässt) welche Schwächen Sie haben. Zeigen Sie auf, was für ein Mensch Sie sind. Wenn Sie ein Mountain-Bike-Freak sind, dann sollte Sie nichts daran hindern, mit dem Bike in das Büro zu kommen. Sie kommunizieren so ein Bild von sich, das so schnell nicht mehr vergessen wird.

Bitte vermeiden Sie ...

- Übertriebenes Chefverhalten. Aufzuzeigen, wer hier der Boss ist, ist überflüssig, denn die Mitarbeiter wissen, dass Sie der Boss sind. Was sie nicht wissen, das ist, ob sie es mit einer guten oder mit einer schlechten Führungskraft zu tun haben.
- Total out sind Folienpräsentationen!
- Unpersönlich wirken PowerPoint-Präsentationen mit Standardtexten.
- Vergessen Sie Sätze, die mit «Ich bin ...», «Ich werde ...», «Meine Absichten sind ...» etc. beginnen. Ein bisschen mehr WIR als ICH ist gefragt.

Die Kernfrage

- Überlegen Sie sich Folgendes: Wenn Ihr Vortrag zu Ende ist, was möchten Sie, dass Ihre Mitarbeiter über Sie erzählen? Diese Kernfrage wird Ihnen helfen, den Vortrag richtig vorzubereiten!

Austritt aus der Firma

Aus den Augen aus dem Sinn? Dies gilt nicht bei Führungskräften, die aktives Mitarbeitermarketing betreiben! Jeder Austritt muss analysiert werden. Überlegen Sie sich einmal, wie viele Mitarbeiter im vergangenen Jahr die Firma verlassen haben. **Ziehen Ihre Mitarbeiter am gleichen Strang oder ziehen Sie Ihnen etwa davon wie Zugvögel, die der Winterkälte entfliehen?** Kennen Sie die Austrittsgründe Ihrer Mitarbeiter? Wirklich?

Sie sollten die Motive der Mitarbeiter für das Verlassen der Firma in Erfahrung bringen. Sie erhalten damit andere wichtige Informationen, die Ihnen helfen werden, sich und das Team zu optimieren.

- Lassen Sie Ihre Mitarbeiter nie ohne ein Abschlussgespräch gehen. Suchen Sie ein ehrliches Gespräch, in dem Sie die in der Firma verbrachte Zeit nach guten und schlechten Erfahrungen resümieren lassen. Ziehen Sie daraus Ihre Lehren!
- Trennen Sie sich im Guten! Der Mitarbeiter soll ein positives Bild der Firma in die Öffentlichkeit tragen. Es ist entscheidend, wie ein Mitarbeiter über die Firma spricht, denn heute ist es oft schwieriger, gute Mitarbeiter zu finden als Kunden.
- Geben Sie das Arbeitszeugnis und die Schlussabrechnung beim Abschlussgespräch. Es gibt keinen Grund für Verzögerungen.
- Pflegen Sie den Kontakt zu den besten Mitarbeitern auch nach deren Austritt. Ihre Wege werden sich sicher irgendwann wieder kreuzen. Zudem haben Sie so immer einige «Botschafter» im Arbeitsmarkt, die Ihnen vielleicht sogar andere gute Mitarbeiter empfehlen können.
- Sehen Sie Ihren Mitarbeiter trotz seiner Kündigung weiterhin als volle Arbeitskraft an.
- Nehmen Sie eine Kündigung nie persönlich.
- Bedanken Sie sich für die geleistete Arbeit. Die Anerkennung ist einem Mitarbeiter in diesem Moment des Abschieds sehr wichtig und gibt einen positiven Erinnerungswert.

- Halten Sie alle Elemente des Arbeitsvertrags (Bonuszahlung, Urlaubsgeld, Überstundenauszahlung etc.) ein.
- Bieten Sie Ihren besten Mitarbeitern eine Abschiedsparty zusammen mit dem Team.
- Informieren Sie Ihre Mitarbeiter rechtzeitig und korrekt über den Weggang eines Teammitglieds.
- Achten Sie darauf, dass der direkte Vorgesetzte beim Schlussgespräch auch anwesend ist. Planen Sie das Gespräch im Voraus.
- Nützen Sie das Wissen des Mitarbeiters. Ziehen Sie ihn bei der Vorstellung des Nachfolgers mit ein.

Abschlussfragen mit Folgen

Lassen Sie einen Mitarbeiter, der das Unternehmen verlassen wird, diese Fragen mit Ja/Nein beantworten und profitieren Sie von den Ergebnissen. Anhand der Auswertung können Sie Verbesserungsmaßnahmen erarbeiten.

- In unserem Team besteht eine Kultur des Vertrauens.
- Führungskräfte vermittelten mir den Sinn der Arbeit.
- Ich habe meine volle Arbeitskraft zur Verfügung gestellt.
- Unser Team ist eine lernfähige Organisation, weil wir Informationen und Erfahrungen austauschen.
- Wir sprechen generell in der Wir-Form und nicht in der Ich-Form.
- Der Teamerfolg steht klar über dem Erfolg des Einzelnen.
- Unser Team ist nicht zufällig zusammengestellt, sondern mit System. Wir wissen, welche Kompetenzen im Team vorhanden sein müssen, um wettbewerbsfähig zu sein.
- Würde man Sie nach den Hauptzielsetzungen des Unternehmens fragen, könnten Sie sie benennen?

Ich möchte dieser Firma in Erinnerung bleiben als jemand, der ...

_____

_____

Mitarbeiter, die in Pension gehen

Bei Mitarbeitern, die in Pension gehen, gilt es, Folgendes zu beachten:

- Organisieren Sie einen gebührenden Abschied! Ein Mitarbeiter, der zehn, 20 oder 30 Jahre im selben Unternehmen gearbeitet hat, verdient etwas Originelleres als eine goldene Uhr. Schenken Sie ihm etwas Maßgeschneidertes, auf seine Person Abgestimmtes.
- Informieren Sie den Mitarbeiter auch weiterhin über die Firmenaktivitäten. Schicken Sie Geschäftsbericht, Firmenzeitung, Presseartikel etc. an die Privatadresse. Ein pensionierter Mitarbeiter will meistens auch weiterhin über das Geschehen informiert werden.
- Laden Sie pensionierte Mitarbeiter auch zu künftigen Firmenanlässen ein.
- Verteilen Sie spezielle Infobroschüren, die mithelfen, dass der pensionierte Mitarbeiter sich leichter in den neuen Lebensabschnitt einfindet. (Informationen von der Rentenversicherungsanstalt, speziellen Dienstleistern, Freizeitklubs etc.)

Meetings

Wäre es nicht sinnvoll, die in Meetings verschwendeten Ressourcen wie Zeit und Geld in mehr

- Kreativität,
- Erfolg versprechende Projekte,
- Innovation,
- Mitarbeiter oder
- in die eigene Freizeit

zu investieren?

Interessant sind auch diese Ergebnisse einer Umfrage:

- 49 Prozent der Meetings könnten um ein Drittel gekürzt werden.
- 32 Prozent der Meetings sind ungenügend vorbereitet.
- 31 Prozent aller Meetings enden ohne konkrete Ergebnisse.
- 26 Prozent aller Meetings haben keine klare Zielsetzung.
- 20 Prozent der Meetings sind komplett überflüssig.

Tipps für erfolgreiche Meetings

Prüfen Sie die Notwendigkeit eines Meetings!

- Was würde passieren, wenn das Meeting gar nicht stattfände?
- Stellen Sie den vorgesehenen Zeitaufwand den zu erwartenden Ergebnissen gegenüber!
- Begründen Sie die Notwendigkeit des Meetings bereits in der Einladung!

Sind die Ziele des Meetings definiert?

- Ohne Zielsetzungen sollten Sie niemals ein Meeting einberufen, denn sonst werden am Ende keine Beschlüsse gefasst. (Bei vielen Meetings ist das einzige Ergebnis der Termin des nächsten Meetings).

Wurde eine Liste der Tagesordnungspunkte erstellt?

- Halten Sie die Themen schriftlich fest, über die Sie sprechen möchten. Sprechen Sie im Meeting nicht parallel über mehrere Sachen!
- Informieren Sie die Teilnehmer vor dem Meeting über die zu behandelnden Themen.

Haben Sie die richtigen Teilnehmer eingeladen?

- Laden Sie nur Leute zum Meeting ein, die unverzichtbar sind, ansonsten verschwenden Sie Zeit und Geld!
- Je größer die Teilnehmerzahl, desto kleiner ist die Effizienz!
- Bieten Sie einem Teilnehmer die Möglichkeit, das Meeting zu verlassen, wenn die Tagesordnungspunkte, die ihn betreffen, behandelt worden sind!

Ist die Start- und Endzeit festgelegt?

- Meetings beginnen pünktlich und enden pünktlich!
- Niemals warten die Pünktlichen auf die Unpünktlichen!
- Open-End-Meetings gibt es nicht!

Haben Sie ein effizientes Protokoll verfasst?

- Zu jedem Meeting gehört ein Protokoll, das genau festhält:
  - was beschlossen wurde,
  - wer die Verantwortung übernimmt,
  - wann das Ergebnis vorliegen wird.

Bitte nicht vergessen!

Wenn Sie im Führungskreis über Mitarbeiter diskutieren, vergessen Sie nicht, Ihre Mitarbeiter anerkennend zu erwähnen. Loben Sie in einem der nächsten Meetings einmal einen Ihrer Mitarbeiter, indem Sie seine außergewöhnlich gute Leistung würdigen. Lassen Sie den Mitarbeiter gleich selbst seine Geschichte erzählen. Gute Leistungen spornen auch die anderen an, vor allem wenn sie sehen, dass gute Leistungen «honoriert» werden. Berufen Sie einmal spontan ein Treffen ein, einzig um Ihr Team für die tolle Leistung zu loben und sich für die Zusammenarbeit zu bedanken! Positiv wirkt es auch, wenn Sie eine Schale mit Bonbons füllen und sie bei Meetings zirkulieren lassen.

Moderations-Checkliste für den Meetingleiter

Diese Checkliste hilft Ihnen, sich strukturiert auf das Meeting vorzubereiten. Die Teilnehmer merken übrigens sofort, ob Sie vorbereitet sind oder nicht!

Man soll die Pünktlichen nie durch die Unpünktlichen strafen!

Meetingbeginn _____ Uhr

Vorbereitung der Teilnehmer
angesprochen/überprüft? Ja ❏ Nein ❏

Zielsetzungen wiederholt/aufgezeigt Ja ❏ Nein ❏

Wer erstellt das Protokoll?

Welche Punkte gilt es besonders zu beachten?

Welche Personen möchte ich während des Meetings besonders fördern oder befragen?

Wann schalte ich eine Pause ein?

_____

Bis wann wird das Protokoll kopiert und verteilt?

sofort ❏ wann _____

_____

Verteile ich Feedback-Fragebögen   Ja ❏ Nein ❏

Feedback auf Meetings

Nur wer sich als Meetingleiter bewusst bestimmten Fakten stellt, wird sich optimieren können. Verteilen Sie nach Ihrem nächsten Meeting einmal diese Liste!

Aussagen:	Stimmt	Geht so	Nein
«Die Teilnehmer waren gut vorbereitet.»			
«Der Meetingleiter war gut vorbereitet.»			
«Es kamen alle zu Wort.»			
«Die Zielsetzungen des Meetings waren klar.»			
«Das war heute ein motivierendes Meeting!»			
«Ich habe etwas gelernt.»			
«Mit den erzielten Ergebnissen bin ich voll und ganz zufrieden.»			
«Wir hatten Spaß bei der Arbeit!»			
«Der Zeitplan wurde eingehalten.»			

Meine Optimierungsvorschläge

_____

_____

_____

_____

_____

_____

_____

20 Meeting-Verblüffungen

Unendlich lange Meetings sind nicht nur ineffizient, sondern auch langweilig. Hier finden Sie 20 erprobte und bewährte Beispiele, die garantiert für Auflockerung sorgen. Ihre Mitarbeiter werden positiv über Sie und Ihre Meetings sprechen und viel motivierter daran teilnehmen. Wer möchte schon dafür bekannt sein, langweilige Meetings zu leiten. Trotzdem: Verblüffungen müssen zur Gruppe passen. Sind sie zu kindisch, wird sich die Gruppe nicht engagieren; und stellen die Verblüffungen einzelne Teilnehmer gar bloß, werden sich diese zurückziehen. Nachfolgende Beispiele sind erprobt. Mit Bankdirektoren ebenso wie mit Verkaufsteams. Zu Beginn können Sie ruhig mehr Zeit in solche Verblüffungen investieren. Mit der Zeit, dann nämlich, wenn die Gruppe mehr und mehr zusammenwächst, reichen zehn Minuten pro Meeting, um den gleichen Effekt zu erzielen.

1. Schön, Sie kennenzulernen

Diese Methode eignet sich ausgezeichnet, um im Team neue Mitarbeiter oder Meetingteilnehmer vorzustellen. Bilden Sie mit Ihrem Team einen Kreis, nehmen Sie eine Schnur, halten Sie das Ende der Schnur fest und teilen Sie der Runde Ihren Namen, Ihre Hobbys, Ihr Lieblingsessen und Ihre Lieblingsmusik mit. Danach werfen Sie das Knäuel weiter und derjenige, der es auffängt, gibt wiederum seine persönlichen Daten preis, wiederholt jedoch ausgehend vom Schnurbeginn alle anderen. Mit dieser Übung werden Sie viel voneinander erfahren. Das permanente Wiederholen von Namen, Hobbys etc. trägt zudem dazu bei, dass die Angaben zu den einzelnen Personen nicht vergessen werden.

2. Mein Lieblings-T-Shirt

Fordern Sie die Meetingteilnehmer auf, zum nächsten Meeting ihr Lieblings-T-Shirt mitzunehmen. Zur Auflockerung bitten Sie die Teilnehmer dann, das T-Shirt und «seine» Geschichte zu erklären.

3. Das Firmenporträt

Lassen Sie von Ihrem Team ein Bild mit dem Titel «Wie sehen wir unser Unternehmen» zeichnen und lassen Sie es sich anschließend erklären. Hängen Sie danach das Bild in der Firma auf.

4. Die Zielkontrolle

Oft werden von Meetingteilnehmern ganz locker Ziele formuliert, ohne sie konsequent zu verfolgen. Verteilen Sie an die Meetingteilnehmer als Überraschung einmal Postkarten mit lustigen Sujets. Fordern Sie sie danach auf, die Karte an sich selbst zu adressieren und ein bestimmtes Ziel (z.B.: «Ich werde bis zum 10. Dezember alle Mitarbeiter-Qualifikationsgespräche abschließen und die Beurteilungsbögen an die Personalabteilung weiterleiten.») aufzuschreiben. Sammeln Sie danach die Karten wieder ein und schicken Sie sie per Post zu. Jeder Teilnehmer kann so selbst kontrollieren, ob er hält, was er verspricht …

5. Das Rätsel mit der Hutfarbe

Dieses Rätsel eignet sich hervorragend, um im Team die Lösung zu erarbeiten. Beobachten Sie dabei das Verhalten der einzelnen Teilnehmer! Das Rätsel geht so:

Drei Missionare werden von Kannibalen gefangen genommen. Da der Oberkannibale aber ein netter Typ ist, entschließt er sich zu einem Rätsel, um ihnen die Freiheit zu ermöglichen, falls sie es richtig lösen. Er nimmt einen Sack und legt fünf Hüte hinein, zwei rote und drei weiße. Danach werden den Missionaren die Augen verbunden und jeder muss einmal in den Sack greifen, um sich einen Hut herauszunehmen. Jeder setzt seinen Hut auf. Keiner weiß, welche Farbe er hat. Die Missionare werden in einer Reihe hintereinander aufgestellt und die Augenmasken werden ihnen abgenommen. Der Letzte sieht also den Rücken des Ersten und des Zweiten. Der Zweite nur den des Ersten und der Erste sieht niemanden. Die Gefangenen kommen frei, wenn der Vorderste herausbekommt, welche Farbe der Hut auf seinem Kopf hat. Die Gefangenen dürfen sich aber gegenseitig keine Tipps geben, sondern nur einmal sagen: «Ich habe einen ... Hut.» Wie kommen die Gefangenen frei?

Lösung:

Die drei Missionare können sich retten, indem sie zur rechten Zeit schweigen. Der Hinterste kann die Frage mit «Ich trage einen weißen Hut» beantworten, wenn er vor sich zwei rote sieht. Ansonsten schweigt er. Der mittlere kann das Schweigen des Hintermanns so interpretieren, dass er und sein Vordermann nicht beide einen roten Hut aufhaben, und antwortet mit «Ich habe einen weißen Hut», wenn er vor sich einen roten sieht. Schweigt er ebenfalls, kann der Vorderste nun sagen: «Ich habe einen weißen Hut.»

6. Die Zeichnung mit der Kuh

Bilden Sie zwei Gruppen und verteilen Sie an jede Gruppe ein Blatt Papier und einen Malstift. Fordern Sie alle Teilnehmer auf, nicht zu sprechen. Nun fordern Sie die Gruppen auf, den Stift gemeinsam mit je einer Hand zu umfassen und eine Kuh zu zeichnen. Danach fordern Sie sie auf, für die Kuh einen Namen zu finden und aufzuschreiben. Nun können Sie gemeinsam die lustigen Kuh-Porträts besprechen. Die Erkenntnis aus der Übung: Es können nicht beide gleichzeitig den Stift führen.

Immer einer muss sich führen lassen. Ein Zusatznutzen ist: Sammeln Sie die Zeichnungen ein und lassen Sie T-Shirts mit den lustigen Kühen bedrucken. Ein halbes Jahr später als Geschenk präsentiert ist Ihnen die Verblüffung sicher!

7. Heiteres Begrifferaten

Schreiben Sie die nachfolgenden Sprüche auf und verteilen Sie sie an die einzelnen Teilnehmer. Jeder soll nun ohne Worte (mittels Pantomime) seinen Spruch vorführen, und zwar so lange, bis die anderen Teilnehmer den Spruch erraten.

Hier eine Auswahl von geeigneten Sprüchen:

- jemandem Honig um den Mund schmieren
- jemandem einen Bären aufbinden
- das Blaue vom Himmel herunterlügen
- die Flinte ins Korn werfen
- jemandem den Buckel herunterrutschen
- jemandem ein X für ein U vormachen
- den Mund zu voll nehmen
- etwas an den Haaren herbeiziehen
- auf jemandem herumreiten
- Tomaten auf den Augen haben
- anderen eine Grube graben
- vor lauter Bäumen den Wald nicht sehen
- jemanden an der Nase herumführen
- jemandem einen Stein in den Garten werfen
- sich ein Bein ausreißen
- jemanden um den Finger wickeln
- die Nadel im Heuhaufen suchen
- sich die Zunge brechen
- den Gürtel enger schnallen
- eine Gänsehaut kriegen
- aus der Hüfte schießen
- Schmetterlinge im Bauch haben

8. Traumreise

Lassen Sie zu Beginn Ihres nächsten Meetings jeden Teilneh-mer sein Traumurlaubsland nennen. Das sorgt garantiert für eine entspannte Atmosphäre und sorgt für viele «Ahs» und «Ohs».

9. Geburtstagspartner

Die Teilnehmer sollen durch Befragung herausfinden, wessen Geburtstag am nächsten zum eigenen liegt. Lassen Sie danach die beiden diskutieren, welche Gemeinsamkeiten sie haben. Mit dieser Übung sensibilisieren Sie Ihr Team unweigerlich für die Geburtstagsdaten!

10. Stimmt oder stimmt nicht?

Jeder Teilnehmer schreibt drei Aussagen zu sich selbst auf das Flip-Chart, wovon eine unwahr ist. Zum Beispiel:

- Ich lebte sechs Monate in den USA.
- Ich habe ein Meerschweinchen namens Rambo.
- Ich sammle Kunstbücher.

Die anderen sollen sich durch Befragungen ein Bild machen, welche Aussage nicht stimmt. Nach fünf Minuten müssen sie sagen, welche Aussage nicht stimmt.

11. Was Ihr nicht wisst

Jeder Meetingteilnehmer schreibt etwas auf einen Zettel wovon er denkt, dass die anderen es nicht wissen. Danach werden die Zettel fortlaufend nummeriert, in einem Topf gemischt und Sie als Meetingleiter lesen Nummer und Aussage vor. Die anderen Teilnehmer notieren sich zu jeder Nummer einen Namen, nämlich jenen, den sie hinter der Aussage vermuten. Am Schluss wird geschaut, wer am meisten Namen richtig getippt hat.

12. Fremdwörter

Es kursieren so viele Fremdwörter und Abkürzungen in der Tagespresse, und oft verwenden wir diese, ohne überhaupt zu wissen, was sie genau bedeuten. Oder wissen Sie etwa, was

UMTS, IPO oder Swot heißt? Schreiben Sie jede Woche ein Fremdwort oder eine Abkürzung auf das Flip-Chart und lassen Sie das Team erraten, was es heißt oder ist. So lernen alle jede Woche neue Fachbegriffe und Wörter dazu. Eine wirklich sehr sinnvolle Sache!

13. Feueralarm

Testen Sie den Ernstfall, indem Sie völlig überraschend und ohne jegliche Vorwarnung mitten im Meeting einen Feueralarm geben. Geben Sie kurz und knapp Anweisung, wo es brennt und wie stark es brennt, und lassen Sie danach die Gruppe agieren. Wenn möglich können Sie die Aktion auf Video festhalten. Diese Übung ist äußerst sinnvoll, denn man kann solche Situationen nie genug üben. Anschließend können Sie eine Übungsbesprechung machen, wenn möglich mit Unterstützung eines echten Feuerwehrmanns.

14. Wechseln Sie den Meetingort

Durchbrechen Sie die Macht der Gewohnheit und führen Sie das Meeting einmal an einem ungewohnten Ort durch: draußen in freier Natur, auf dem Balkon oder gar auf dem Dach Ihres Firmengebäudes; im Gang, im Büro des Direktors, im Keller oder auf dem Parkplatz. Was immer sich eignet und für Abwechslung sorgt, wird von den Teilnehmern als willkommene Abwechslung begrüßt.

15. Der Überraschungsgast

Laden Sie zu einem bestimmten Tagesordnungspunkt einen Überraschungsgast ein. Jemand, der zum guten Gelingen der Diskussion beitragen kann. Das kann ganz einfach ein Mitarbeiter der Firma sein, ein Kunde, eine Persönlichkeit oder aber eine Fachkapazität. Dies sorgt zum einen für wertvolle Inputs von außen und zum anderen ist der Fokus einmal nicht auf den Meetingleiter gerichtet, sondern auf ein neues, noch wenig bekanntes Gesicht.

16. Die nutzloseste E-Mail der Woche

Immer wieder hört man Führungskräfte jammern und stöhnen, wie viele Mails sie zu bearbeiten hätten. Viele davon sind jedoch ohne jegliche Wichtigkeit und behindern ein effizientes Arbeiten erheblich. Fordern Sie Ihre Meetingteilnehmer auf, die nutzloseste Mail der Woche auszudrucken und ins Meeting mitzunehmen. Es geht hierbei nicht um den Absender, sondern lediglich um den Inhalt der Mail! Sie werden verblüfft sein, wie schnell Sie eine Verbesserung der Situation erzielen werden.

Noch eine Anmerkung dazu: Diese Verblüffung scheint auf den ersten Augenblick nicht sehr motivierend zu sein. Wir haben dies jedoch in diversen Firmen durchgeführt und sind zu erstaunlich positiven Ergebnissen gekommen. Trotzdem empfiehlt sich diese «Verblüffung» nur in Teams, in denen bereits sehr offen untereinander kommuniziert wird und das Team bereits gut eingespielt ist.

17. Das Papierflugzeug

Verteilen Sie an alle Sitzungsteilnehmer ein Blatt Papier und fordern Sie sie auf, ein Flugzeug daraus zu falten. Gehen Sie anschließend an einen Ort, wo Sie einen «Best-Flight-Contest» durchführen können. Entweder prämieren Sie den weitesten Gleitflug oder den schönsten Akrobatikflug etc. Sie werden feststellen, dass sich Erwachsene auf einmal wie kleine Kinder fühlen.

18. Grenzen überschreiten

Alle Teilnehmer stehen mit genügend Platz um sich im Raum und strecken den rechten Arm aus. Nun geben Sie die Anweisung, sich nach rechts zu drehen, wobei die Füße in der gleichen Position bleiben. Jeder soll sich so weit wie möglich drehen und sich mit dem Zeigefinger die Stelle im Raum merken, an der er nicht mehr weitergekommen ist. Nun sollen sich alle lockern, ohne die Position der Füße zu verändern. Fordern Sie die Teilnehmer nun auf, die Übung zu wiederholen, allerdings mit der klaren Absicht, die vorherige Position um 30 cm zu übertreffen. Sie werden alle feststellen, dass es funktioniert. Die Frage bleibt zu diskutieren: Weshalb ging es nicht beim ersten Versuch gleich so weit?

19. Feedback mithilfe von Namen

Auf einem Blatt Papier notiert jeder Teilnehmer senkrecht seinen Vornamen und ergänzt waagrecht Worte zu einem Satz, der das Seminar (die Stimmung, Inhalte etc.) beschreibt. So erhalten Sie ein aussagekräftiges Feedback.

Beispiel:

D as
I st wirklich
E ine
T ief gehende
E rfahrung gewesen, es hat mir
R ichtig gut gefallen.

20. Feedback mithilfe eines «Wetterberichts»

Fordern Sie am Ende des Meetings jeden Teilnehmer auf, in Form eines kurzen «Wetterberichts» ein Feedback zu geben. Das könnte dann so lauten: «In weiten Teilen bewölkt, Aufhellungen am Nachmittag möglich» oder «Das sonnige Wetter hält die nächsten Tage an» etc.

Warm-ups

1. Aufstehen – Setzen

Aufgabe:

Gegenseitiges Kennenlernen in großen Gruppen.

Beschreibung:

Der Leiter stellt nacheinander die verschiedensten Fragen. Die Teilnehmer, die die Frage mit «Ja» beantworten können, erheben sich kurz, werden somit von den anderen wahrgenommen und setzen sich wieder.

Mögliche Fragen:

- Wer ist aus dem Süden angereist?
- Wer arbeitet schon länger als fünf Jahre in seinem Beruf?
- Wer singt gerne unter der Dusche?
- Wer verbringt seinen Urlaub in den Bergen?
- Wer war schon einmal in einer sehr peinlichen Lage?
- Wer versucht immer pünktlich zu sein?
- Wer kann mit den Ohren wackeln?
- …

Und als letzte Frage:

- Wer weiß jetzt ein bisschen mehr über einige von uns?

Variation:

- Die Fragen individuell an die jeweilige Situation anpassen.
- Die Art der Fragen kann die Stimmung steuern: Ernstes und Lustiges sollen sich aber abwechseln.

Kommentar:

Gut geeignet für den Beginn von Großveranstaltungen (auch bei fester Bestuhlung).

Material:

–

Dauer:

5 bis 10 Minuten

Vorbereitung:

Fragen formulieren

Gruppierung/Tempo:

- Alle im Raum
- Ab 10 Teilnehmer
- auflockernd

Inhalte:

- kennenlernen
- wahrnehmen
- einschätzen

2. Ich stelle vor …

Aufgabe:

Sich in der Gruppe durch einen anderen Teilnehmer vorstellen lassen.

Beschreibung:

Die Gruppe setzt sich und bildet einen Kreis. In den Kreis werden zwei Stühle gestellt. Ein Teilnehmer nimmt auf einem Stuhl Platz. Der andere Stuhl bleibt frei. Nun beginnt dieser Teilnehmer, sich der Gruppe vorzustellen. Dies tut er indirekt: Er nimmt die Rolle einer ihm bekannten Person ein (z.B. Freundin, Bruder, Kollege, Tochter) und stellt sich selbst aus der Sicht der anderen Person vor. Wichtig sind hierbei die beiden Stühle. Auf dem einen sitzt der Teilnehmer als bekannte Person und tut so, als würde auf dem freien Platz der Teilnehmer selbst sitzen.

Variation:

- Je nach Zielsetzung und Situation können sich Rückfragen ergeben oder zugelassen werden.
- Auf den leeren Platz kann auch ein Gegenstand gelegt werden, der dann «spricht».

Kommentar:

Interessante Variante des Kennenlernens. Der Rollentausch erleichtert den Teilnehmern die Vorstellung ihrer Person und vermittelt interessante Blickweisen. Sehr einprägsam.

Material:

2 Stühle

Dauer:

15 bis 30 Minuten

Vorbereitung:

–

Gruppierung/Tempo:

• Alle im Kreis
• 6 bis 15 Teilnehmer
• ruhig

Inhalte:

• kennenlernen
• sich öffnen
• andere wahrnehmen

3. Kaleidoskop ...

Aufgabe:

Die Teilnehmer sortieren sich nach bestimmten Merkmalen.

Beschreibung:

Entsprechend einem vom Leiter zugrunde gelegten Merkmal stellen sich die Teilnehmer in einer Reihe auf oder verteilen sich in Gruppen im Raum.

Beispiel: Anfangsbuchstaben von A bis Z. Die Reihe beginnt dann z.B. mit Anton und endet (vielleicht) mit Walter. Der Leiter fragt das Ergebnis kurz ab. Anschließend wird die Reihe nach einem anderen Merkmal umgebildet. Es sollten mehrere Durchgänge gespielt werden.

Variation:

Sortieren nach:

- Anzahl der Berufsjahre
- Anreiseweg in Minuten
- Alter
- Größe
- Schuhgröße
- Anzahl der Kinder und Haustiere
- Entfernung zum Traumurlaubsziel
- Anfangsbuchstaben
- Anzahl der Telefonate pro Tag

Kommentar:

Gut geeignet für große oder spielungeübte Gruppen.

Material:

–

Dauer:

10 bis 15 Minuten

Vorbereitung:

–

Gruppierung/Tempo:

- Alle im Raum
- 8 bis 40 Teilnehmer
- gemäßigt
- heiter

- auflockernd

Inhalte:

- Namen lernen
- wahrnehmen
- kennenlernen

4. Länderreise

Aufgabe:

Die Teilnehmer verteilen sich entsprechend ihrer Herkunft im Raum.

Beschreibung:

Der Leiter erklärt, dass auf dem Boden zum Beispiel eine imaginäre Schweizkarte ausgebreitet liegt. Die Stirnseiten des Raumes sind Norden und Süden. Hier befinden sich die Städte Basel und Chiasso. Im Osten liegt St. Gallen und im Westen Genf. Die Teilnehmer verteilen sich im Raum gemäß ihres Wohnortes. Dabei sollten die Lage der Städte und die Entfernungen dazwischen in etwa stimmen. Der Leiter überprüft das Ergebnis, indem er die Teilnehmer nach ihrer Herkunft befragt. Danach stellen sich alle gemäß ihrem Geburtsort auf. Zum Schluss definiert man seine Wunschstadt.

Variation:

- Ist zu vermuten, dass alle Teilnehmer aus der gleichen Region stammen, dehnt sich das Spiel auf Europa aus: Auf der Europakarte stellen sich alle gemäß ihrem liebsten Urlaubsziel auf.
- In großen Unternehmen: Der Raum stellt das Betriebsgelände dar. Die Teilnehmer stellen sich an ihrem Arbeitsplatz auf.

Kommentar:

Gut geeignet für den Beginn von Großveranstaltungen.

Material:

–

Dauer:

5 bis 10 Minuten

Vorbereitung:

–

Gruppierung/Tempo:

- Alle im Raum
- 8 bis 40 Teilnehmer
- auflockernd
- heiter

Inhalte:

- wahrnehmen
- einschätzen
- Kontakte knüpfen

5. Lügeninterview

Aufgabe:

Die Teilnehmer interviewen sich und stellen sich gegenseitig vor.

Beschreibung:

Die Teilnehmer finden sich paarweise zusammen und interviewen sich gegenseitig zu vier festgelegten Themen. Auf je einem Plakat pro Person werden die Antworten stichwortartig notiert, wobei eine Information gelogen sein muss. Nach 20 Minuten stellen sich die Partner gegenseitig im Forum vor, indem sie das Plakat aufhängen und die Antworten des Partners vortragen. Die beiden Sitznachbarn der jeweils vorgestellten Person raten, welche Information erlogen ist.

Variation:

Die Auswahl der vier Themen kann auf das Seminarthema hinweisen.

Kommentar:

Die Präsentation muss vom Leiter moderiert werden. Einzelne Themen können hervorgehoben werden. Rückfragen können zugelassen werden. Plakate während des Meetings hängen lassen. Bei mehr als zwölf Teilnehmern: die Präsentation teilen, eine Gruppe wird zu einem späteren Zeitpunkt vorgestellt.

Material:

- Je Teilnehmer 1 EasyFlip
- Stifte

Dauer:

30 bis 45 Minuten

Vorbereitung:

Musterplakat vorbereiten

Gruppierung/Tempo:

- paarweise
- 8 bis 15 Teilnehmer
- ruhig

Inhalte:

- kennenlernen
- wahrnehmen
- einschätzen
- raten
- Fantasie

Meine schönste Reise:	Meine Hobbys:
Diesen Star finde ich toll:	Das habe ich besonders gerne:

Themen bearbeiten

1. Galerie

Aufgabe:

Bilder oder Aussagen sollen einem Thema zugeordnet werden.

Beschreibung:

Ein Thema wird in zwei bis drei unterschiedliche und gegensätzliche Aspekte, Bereiche oder Pole zerlegt (z. B. das ideale Führungsverhalten: 1. autoritär, 2. Laisser-faire, 3. partnerschaftlich-demokratisch). Zu jedem Aspekt gibt es eine freie Pinnwand mit entsprechender Überschrift. Auf einer weiteren Pinnwand befinden sich Bilder, Fotos, Skizzen, Karikaturen und Feststellungen, die entweder eine direkte Aussage zum jeweiligen Thema zulassen oder aber mehrdeutig sind. Die Teilnehmer stehen gleichzeitig auf und nehmen sich nach Belieben einzelne Karten aus der Galerie. Die eigene Karte wird nun unter einer der Überschriften platziert, vorher muss man sich jedoch mit mindestens einem anderen Teilnehmer über den genauen Ort einigen. Sind alle Karten verteilt, werden die Pinnwände vom Leiter vorgestellt, Ergänzungen oder Veränderungen mit den Teilnehmern diskutiert.

Kommentar:

Eine außerordentlich anregende und vielseitige Methode. Dieser Methode geht eine umfangreiche Materialsammlung voraus, die sich im Endeffekt lohnt. Bei der Auswahl von Bildern sollten Sie auf deren mehrfachen Einsatz hinarbeiten, z. B. hochwertige Fotos aus Kalendern oder Büchern nehmen und auf Karton kleben. Der Leiter erhält einen guten Eindruck vom Wissensstand der Gruppe.

Material:

- Bilder, Skizzen, Karikaturen, Aussagen
- 2 bis 3 Pinnwände

Dauer:

20 bis 30 Minuten

Vorbereitung:

Aufwendig für das erste Mal

Gruppierung/Tempo:

- Im Kreis
- 8 bis 15 Teilnehmer
- ruhig

Inhalte:

- Stellung nehmen
- Themen konkretisieren

2. Meinungsball

Aufgabe:

Mithilfe eines Balles soll eine Diskussion geführt werden.

Beschreibung:

Die Teilnehmer sitzen im Kreis. Der Leiter eröffnet die Diskussion mit einer Frage zu einem bestimmten Thema. Daraufhin wirft er den Ball demjenigen Teilnehmer zu, dessen Meinung ihn interessiert oder der sich als Erster meldet. Wer den Ball besitzt, hat Rederecht und die Möglichkeit, den nächsten Redebeitrag auszuwählen. Werden Teilnehmer angespielt, die sich zum Thema nicht äußern wollen, geben sie den Ball einfach weiter. (Anschließend kann das Redeverhalten der Gruppe in einer Feedback-Runde thematisiert werden.)

Kommentar:

Obwohl der Gesprächsverlauf durch den Ball stark strukturiert wird, stellt diese Form der Diskussion einen hohen Anspruch an die soziale Kompetenz der Gruppe. Der Leiter muss den

Überblick über das Redeverhalten bewahren. Der wiederholte Einsatz des Spiels verändert das Gesprächsverhalten in der Gruppe.

Material:

Ball

Dauer:

20 bis 45 Minuten

Vorbereitung:

–

Gruppierung/Tempo:

- Alle im Kreis
- 8 bis 25 Teilnehmer
- gemäßigt

Inhalte:

- diskutieren
- Stellung nehmen
- Wissen abfragen
- Themen vertiefen

3. Meinungsmap

Aufgabe:

Kleingruppen bearbeiten einzelne Aspekte eines Themas.

Beschreibung:

Es werden Gruppen zu je drei bis vier Teilnehmer gebildet, die jeweils einen Aspekt eines Gesamtthemas zugewiesen bekommen. Zu diesem Unterthema gestalten sie ein Plakat (vgl. Muster auf S.110).

Schritt 1: In der Kleingruppe (10 bis 20 Min.)
In Feld 1 wird die Fragestellung/das Unterthema notiert. In Feld 2 werden einzelne Punkte/Aussagen/Anregungen zum Thema gesammelt.

Schritt 2: Im Forum (10 bis 15 Min.)
Die Teilnehmer gehen umher, lesen alle Plakate und notieren in Feld 3 des jeweiligen Plakats ihre Kommentare, Meinungen oder Änderungsvorschläge.

Schritt 3: In der Kleingruppe (10 bis 20 Min.)
Die Anregungen und Kommentare werden vorgelesen und evtl. aufgegriffen. Die Kleingruppe überlegt, wie sie die Kernaussagen zu ihrem Thema im Forum präsentiert (Vortrag, Plakat etc.).

Schritt 4: Im Forum (5 Min.)
Präsentation der Ergebnisse.

Kommentar:

Entscheidend für einen interessanten Ablauf ist die Gliederung des Themas.

Material:

- Faserstifte
- EasyFlip

Dauer:

50 bis 80 Minuten

Vorbereitung:

Thema strukturieren

Gruppierung/Tempo:

- Kleingruppen
- 8 bis 25 Teilnehmer
- ruhig

Inhalte:

- konkretisieren
- Stellung nehmen
- Wissen abfragen

Thema Fragestellung/Unterthema
1. • Aussagen der Kleingruppen • Punkte • Unterthema • Anregungen • ... • ... • ... • ... • ...
2. • Kommentare des Forums • Meinungen • Änderungsvorschläge • ... • ... • ... • ... • ...
3. • Präsentationen der Kernaussagen der Kleingruppen • ... • ... • ... • ... • ...

4. Stimmenfang

Aufgabe:

Unterstützende Unterschriften von Teilnehmern sammeln.

Beschreibung:

Zu einem vom Leiter vorgegebenen Thema trifft jeder Teilnehmer eine thesenartige Aussage, die er in der oberen Hälfte eines DIN-A4-Bogens notiert. Sobald die Teilnehmer ihre Aussagen notiert haben, begeben sie sich in die Mitte des Raums und versuchen zu ihrer These möglichst viele zustimmende Unterschriften der anderen Teilnehmer zu bekommen. Die Themen werden anschließend im Forum vorgelesen und kommentiert.

Kommentar:

Gut geeignet für spielungeübte Gruppen. Das Spiel eignet sich auch als Verbindung zwischen Warm-up und thematischer Arbeit oder zum Einstieg in einen neuen Themenbereich.

Material:

• Faserstifte
• DIN-A4-Bogen

Dauer:

20 bis 30 Minuten

Vorbereitung:

–

Gruppierung/Tempo:

• Alle im Raum
• 8 bis 15 Teilnehmer
• gemäßigt

Inhalte:

• kennenlernen
• einschätzen
• Stellung nehmen
• Meinungsaustausch

Auswertung und Abschluss

1. Guten Appetit

Aufgabe:

Notizen zu Oberbegriffen.

Beschreibung:

Zu den Oberbegriffen «satt geworden» (z.B. Thema Strategie wurde angemessen behandelt) und «Hunger auf» (z.B. mehr Workshops, Weiterbildung im Bereich ...) werden von den Teilnehmern Karten beschriftet, vom Leiter eingesammelt und auf Pinnwände geheftet. Es folgt ein moderiertes Auswertungsgespräch.

Variation:

Beliebig erweiterbar (z.B. «Wie war der Koch?», «Was war versalzen?»).

Kommentar:

Die Analogie zum Essen schafft heitere Vergleiche. Die Form des moderierten Gesprächs mit Kartenabfrage beteiligt alle Teilnehmer gleichermaßen.

Material:

- Metaplankarten
- Stifte
- Pinnwände

Dauer:

20 bis 30 Minuten

Vorbereitung:

Pinnwände betiteln

Gruppierung/Tempo:

- Alle im Kreis
- 8 bis 14 Teilnehmer
- ruhig

Inhalte:

- Meinungen abfragen
- Inhalte bewerten

2. Koffer – Schachtel – Abfalleimer

Aufgabe:

Die Teilnehmer «packen» nach dem Meeting ihren Koffer.

Beschreibung:

Alle Teilnehmer sitzen im Kreis. Der Leiter legt in die Mitte des Kreises einen Koffer, eine Schachtel und einen Abfalleimer. Im Koffer deponiert jeder Teilnehmer das, was er als besonders wertvoll, positiv oder effektvoll empfunden hat. In die Schachtel legt jeder Teilnehmer die Eindrücke, die er absolut nicht verlieren möchte, jedoch für ihn zurzeit noch nicht interessant sind oder die er vielleicht erst später anwenden kann. Auf jeden Fall möchte er auch diese Punkte nicht verlieren. Im Abfalleimer hinterlegt jeder Teilnehmer die Eindrücke und Erfahrungen, Inhalte des Meetings etc., die weniger wertvoll für ihn waren. Jeder Teilnehmer wird aufgefordert, so sein Feedback zum Meeting zu geben.

Kommentar:

Eine außerordentlich anregende und effektive Methode zur Auswertung von Lerninhalten, bei der jeder zu Wort kommt.

Material:

- Koffer
- Schachtel
- Abfalleimer

Dauer:

10 bis 20 Minuten

Vorbereitung:

–

Gruppierung/Tempo:

- Kreis
- 8 bis 15 Teilnehmer
- ruhig

Inhalte:

- Inhalte bewerten
- Stimmung und Gefühle äußern
- Stellung nehmen

3. Landschaftsbilder-Reflexion

Aufgabe:

Anhand eines Bildes den Seminartag beschreiben.

Beschreibung:

Aus einem Stapel von Landschaftsbildern nimmt man sich das heraus, welches den persönlichen Eindruck des Meetings am ehesten widerspiegelt. Im Kreis sitzend zeigt jeder sein Bild. Wer möchte kann erläutern, was ihn dazu bewogen hat, dieses Bild auszuwählen.

Variation:

Statt Landschaftsbilder können auch Kunstbilder genommen werden.

Kommentar:

Eine außerordentlich anregende und effektive Methode zur Auswertung von Lerninhalten, bei der jeder zu Wort kommt.

Material:

Bilder

Dauer:

10 bis 20 Minuten

Vorbereitung:

Aufwendig beim ersten Mal, danach keine Vorbereitung mehr

Gruppierung/Tempo:

- Kreis
- 8 bis 20 Teilnehmer
- ruhig

Inhalte:

- Inhalte bewerten
- Stimmung und Gefühle äußern
- Stellung nehmen

4. Feedback mithilfe von Namen

Aufgabe:

Mit den Buchstaben des eigenen Namens einen Satz bilden.

Beschreibung:

Auf einer Metaplankarte notiert jeder Teilnehmer senkrecht seinen Vornamen und ergänzt waagrecht Worte zu einem Satz, der das Meeting (die Stimmung, Inhalte etc.) beschreibt.

Beispiel:

D as
I st wirklich
E ine
T ief gehende
E rfahrung gewesen, es hat mir
R ichtig gut gefallen.

Im Kreis sitzend werden die Sätze vorgelesen oder dem Leiter des Meetings gegeben.

Kommentar:

Die Sätze sind meistens sehr einprägsam und bleiben den Teilnehmern in Erinnerung.

Material:

- Metaplankarten
- Faserstifte

Dauer:

10 bis 20 Minuten

Vorbereitung:

–

Gruppierung/Tempo:

- Alle im Kreis
- 8 bis 20 Teilnehmer
- bewegt
- ruhig
- heiter

Inhalte:

- Stellung nehmen
- Stimmung äußern

5. Postkarte an sich selbst

Aufgabe:

Die Teilnehmer schreiben Postkarten an sich selbst.

Beschreibung:

Die Teilnehmer erhalten Postkarten (mit dem Motiv des Tagesthemas, des Ortes oder eine Motivationskarte) und adressieren diese an sich selbst. Sie können auf der Postkarte die Eindrücke des Meetings beschreiben, ein Ziel, das sie in den nächsten Tagen umsetzen möchten, oder sich selbst einfach nur grüßen. Der Leiter sammelt die Karten ein und sendet sie den Teilnehmer nach vier bis sechs Wochen zu.

Kommentar:

Mit den Teilnehmern vereinbaren, ob der Leiter die Karten lesen darf. Die Postkarten sind eine positive Erinnerung an das Meeting.

Material:

• Postkarten
• Stifte

Dauer:

10 bis 15 Minuten

Vorbereitung:

Postkarten besorgen

Gruppierung/Tempo:

• Jeder für sich
• Teilnehmerzahl beliebig
• ruhig

Inhalte:

- Inhalte bewerten
- Stimmung äußern

6. Fünf Spalten mit Symbolen

Aufgabe:

Ein Auswertungsbogen mit Symbolen herumgeben und ausfüllen.

Beschreibung:

Auf dem Bogen gibt es fünf Spalten (vgl. Muster auf S. 119). Die Symbole stehen für Gefühle von sehr gut bis schlecht. Jeder macht ein Kreuz bei dem Symbol, das seine momentane Stimmung am ehesten beschreibt.

Variation:

Am Ausgang des Meetingraums hängt ein Plakat mit entsprechenden Stimmungssymbolen. Beim Hinausgehen klebt jeder Teilnehmer einen Punkt in die Spalte, die seiner Stimmung entspricht.

Kommentar:

Schnelle Auswertungsmethode (z.B. vor einer Pause). Sollte in ihrer Aussage aber nicht überinterpretiert werden.

Material:

- Feedback-Auswertungsbogen
- Faserstifte
- Evtl. Aufklebepunkte
- Evtl. Plakat

Dauer:

10 Minuten

Vorbereitung:

Evtl. Plakat vorbereiten

Gruppierung/Tempo:

- Jeder für sich
- 8 bis 40 Teilnehmer
- ruhig

Inhalte:

Stellung nehmen
Stimmung äußern

☺☺	☺☻	☻☻	☻☹	☹☹

Saisonbeginn

Der Wechsel von einer Jahreszeit zur anderen geht in der Hektik des Geschäftslebens oft unter. Nutzen Sie diese Tatsache für eine motivierende Überraschung!

21. März – Frühlingsbeginn:

- Stellen Sie jedem Mitarbeiter eine Tulpe auf seinen Arbeitstisch.
- Offerieren Sie Ihren Mitarbeitern Spezialkonditionen für den Besuch eines Fitnessstudios.
- Schenken Sie jedem Mitarbeiter einige Sonnenblumenkerne und prämieren Sie am 21. September (Herbstbeginn!) die schönste sowie die größte Sonnenblume.
- Verteilen Sie Bärlauchsträuße mit einem Kochrezept.
- Organisieren Sie ein Treffen im Biergarten, jeder darf um 16 Uhr nach Hause.
- Bieten Sie Spezialkonditionen für den Besuch eines Solariums an, damit die Mitarbeiter sich auf die Sommersonne vorbereiten können. Gut aussehende Mitarbeiter haben übrigens eine positive Ausstrahlung und Wirkung auf das Team und die Kunden.

21. Juni – Sommerbeginn

- Laden Sie Ihre Mitarbeiter zu einem Picknick im Grünen ein.
- Kaufen Sie ein Picknickset oder -korb und stellen Sie dieses/n Ihren Mitarbeitern leihweise zur Verfügung.
- Legen Sie einen Fliegenschläger auf den Schreibtisch.
- Niemand muss an diesem Tag eine Krawatte tragen.
- Schenken Sie einen Sandkasteneimer und eine Schaufel mit einem speziellen Spruch.

21. September – Herbstbeginn:

- Schenken Sie Ihren Mitarbeitern eine Einmalkamera, um die Herbstfarben in Bildern festzuhalten, lassen Sie die Fotografien entwickeln und im Büro ausstellen.
- Laden Sie Ihr Team zu einem typischen Herbstessen ein.
- Organisieren Sie vergünstigte Bergbahntickets. Die Mitarbeiter können diese mit der Familie an einem sonnigen Herbsttag einlösen.
- Stellen Sie Regenschirme zur Verfügung.
- Verteilen Sie heiße Maronen.
- Stellen Sie Vitaminpräparate (Vitamin-C-Tabletten) zur Verfügung, um frühzeitig Erkältungskrankheiten vorzubeugen.
- Stellen Sie in jedem Büro einen Wasserkocher mit genügend Tee bereit und animieren Sie zum Teetrinken.
- Schenken Sie allen Mitarbeitern ein Glas eingemachte Pilze.
- Lassen Sie einen Pilzexperten in die Firma kommen, der einen interessanten Vortrag halten kann.
- Organisieren Sie mit allen Mitarbeitern eine Herbstwanderung. Letzte Gelegenheit für eine Grillwurst!

21. Dezember – Winterbeginn:

- Schenken Sie jedem Mitarbeiter eine Fonduemischung (Packungsgröße nach Anzahl der Familienangehörigen).
- Verteilen Sie Orangen, Mandarinen und Nüsse.
- Schenken Sie allen Mitarbeitern eine Kerze.
- Verhandeln Sie für Ihre Mitarbeiter in einem Winterkurort Spezialkonditionen und geben Sie diese bekannt.
- Stellen Sie bei besonderen Sportereignissen (wie zum Beispiel dem Hahnenkamm-Rennen von Kitzbühel) einen Fernseher im Pausenraum auf.
- Organisieren Sie einen Kreativ-Workshop zum Thema Kerzen.
- Kaufen Sie 50 Orangen, und stellen Sie Orangenpressen auf, damit sich jeder einen frischen Vitaminsaft pressen kann.

- Schenken Sie einen Winterschal, Ohrenwärmer oder eine Mütze.
- Organisieren Sie für den Feierabend eine Schlittenfahrt.
- Schenken Sie jedem einen Scheibenkratzer oder ein Spray für vereiste Autoschlösser.
- Schenken Sie einen «Seelenwärmer»-Schnaps.
- Stellen Sie einen originellen Adventskalender (mit verschiedenen Fragen und Preisen) auf.
- Machen Sie eine Lebkuchen-Verkaufsaktion.

Weihnachten

Die Weihnachtszeit bereitet so manchen Führungskräften Kopfschmerzen. Soll ich überhaupt und wenn ja, was soll ich meinen Mitarbeitern schenken? Viele Firmen verschicken keine Weihnachtskarten mehr, weder an Kunden noch an Mitarbeiter. Einige spenden stattdessen eine bestimmte Summe an eine wohltätige Organisation. Wiederum andere berufen sich auf die Tradition und versenden hunderte von Weihnachtskarten, die meisten davon unpersönlich geschrieben und vom Empfänger schnell entsorgt. Ausgerechnet dann, wenn jeder eine Karte schreibt und alle mit Geschenken überhäuft werden, ins gleiche Horn zu blasen, das macht wenig Sinn.

Hier ein paar Vorschläge und Anregungen für das nächste Weihnachten:

- Vereinbaren Sie untereinander einen Geschenkbetrag (z. B. 20 Mark). Nun schreibt jeder seinen Namen auf einen Zettel und legt ihn gefaltet in einen Topf, der anschließend gut gemischt wird. Jeder zieht nun einen Zettel mit einem Namen (nicht den eigenen!). Davon hat jeder eine zu beschenkende Person und kennt auch den Betrag, den er dafür maximal ausgeben soll. Dies führt zu sehr kreativen, lustigen und auf die Person abgestimmten Geschenken und hat den großen Vorteil, dass jeder nur ein Geschenk organisieren muss. Treffen Sie sich alle an Weihnachten zur Bescherung. Jeder übergibt sein Präsent persönlich. Dieses Spiel können Sie übrigens auch gut in der Familie anwenden!
- Eine persönliche Geste ist mehr wert als tausend Worte! Anstelle eines Geschenks könnten Sie mit Ihrem Team einem Bergbauern bei seinen Reparaturarbeiten auf dem Hof helfen. Oder Sie könnten gemeinsam eine Familie unterstützen, die durch ein Unwetter in Not geraten ist. Es gibt unzählige Menschen, ganz in Ihrer Nähe, die Hilfe benötigen! Dabei ist persönlicher Einsatz mehr wert als eine Geldüberweisung. Solche Projekte schweißen auch Ihr

Team zusammen und geben Ihrer Zusammenarbeit noch mehr Sinn und Inhalt.

- Es gibt aber auch noch andere Hilfsprojekte und karitative Organisationen wie zum Beispiel die UNICEF. So könnten Sie z. B. finanzielle Unterstützung geben für:
  - Schulspeisungen in Brasilien
  - für ein Waisenkind in Ruanda (in Form von monatlichen Beihilfen)
  - vorgeschriebene Schulkleidung
  - eine Schulbank
  - einen Wasserfilter
  - eine Handpumpe für einen Trinkwasserbrunnen.

- Basteln Sie für Ihre Mitarbeiter Überraschungsgeschenkpakete, die Sie mit Nummern versehen und in den Büroräumen aufhängen. Die gute Aktion besteht darin, dass jeder Mitarbeiter für einen kleinen Betrag ein Paket kaufen kann. Kaufen mehrere das gleiche Paket, wird am letzten Arbeitstag vor Weihnachten bei einer kleinen Glühweinparty ausgelost, wer das Paket bekommt. Gleichzeitig können alle Pakete abgeholt werden. Der Erlös aus dem Paketverkauf wird in vollem Umfang einer gemeinnützigen Organisation oder Behindertenwerkstätte in der Region zur Verfügung gestellt. Finden Sie zudem einen Sponsor für eine Reise, kann diese unter den Teilnehmern als Hauptgeschenk verlost werden.

- Bitten Sie jeden Mitarbeiter einen Gegenstand mitzunehmen, um den Weihnachtsbaum zu dekorieren. Schmücken Sie danach gemeinsam den Weihnachtsbaum in der Firma!

Bei diesen Aktionen werden Sie feststellen, dass Ihre Mitarbeiter mit großer Motivation bei der Sache sind. Es zeigt sich auch hier: **Es gibt keine schlechten Mitarbeiter**, es gibt nur schlechte Führungskräfte!

Ausnahmesituationen

Schwierige Situationen wünscht sich wohl niemand, und doch sind sie nicht zu vermeiden. Gerade in Ausnahmesituationen trennt sich die Spreu vom Weizen. Anstelle die Augen zu verschließen, sollte man sich der Herausforderung stellen. Es ist immer einfacher, abzuwarten, was passiert, nur hat man eben meist keine zweite Chance. Was würden Sie hier als Führungskraft unternehmen:

Situation 1:

Der Onkel eines Mitarbeiters aus Ihrem Team ist gestorben. Obwohl es nicht ein enger Verwandter im eigentlichen Sinne ist, so war er doch eine sehr starke Bezugsperson für den Mitarbeiter; dieser hat große Mühe, den Verlust zu akzeptieren. Die Nachricht wurde Ihnen soeben von einem Arbeitskollegen überbracht, der am Morgen mit dem Mitarbeiter gesprochen hat.

Was unternehmen Sie?

Situation 2:

Ein Mitarbeiter erzählt Ihnen, dass er zuverlässig wisse, dass in einem anderen Team, das allerdings nicht Ihnen unterstellt ist, eine Mitarbeiterin von Ihrem Vorgesetzten seit einigen Wochen sexuell belästigt wird. Er rufe die Mitarbeiterin spät abends zu Hause an, schicke eindeutig-zweideutige Kurznachrichten auf ihr Handy und lege bei jeder Gelegenheit den Arm um ihre Schulter.

Was unternehmen Sie?

Situation 3:

Sie haben einen Mitarbeiter, der es mit der Körperhygiene nicht so ernst nimmt. Der Schweißgeruch ist anderen auch schon aufgefallen und unter den Mitarbeitern wird bereits darüber gesprochen.

Was unternehmen Sie?

Situation 4:

Sie sitzen in einem Café und hören, wie in einem Gespräch am Nachbartisch der Name der Firma genannt wird, in der Sie arbeiten. Eine Person äußert sich dabei, aufgrund eines Erlebnisses sehr negativ über Ihr Unternehmen.
Wie reagieren Sie?

Mögliche Lösungswege und Tipps zu diesen Situationen finden Sie auf den nachfolgenden Seiten.

Todesfall

Ein Todesfall (ob eines Mitarbeiters oder eines Angehörigen eines Mitarbeiters) stellt immer eine außergewöhnliche Situation dar. Eine Situation, in der die betroffenen Angehörigen, aber auch die Arbeitskollegen, oft überfordert sind. Was hat dieses Kapitel in diesem Buch verloren, werden Sie sich vielleicht fragen? Aufgrund einiger Erlebnisse aus dem Beratungsalltag sind wir zum Schluss gekommen, dass dieses Thema oft tabuisiert wird, aber trotzdem viele interessiert. Gerne möchten wir an dieser Stelle auf einige Punkte hinweisen, die unbedingt zu beachten sind, falls Sie einmal mit einer derartigen Situation konfrontiert werden.

- Ein Händedruck, verbunden mit einer aufrichtigen Anteilnahme ist wertvoller als die «üblichen Worte» auf den «üblichen Beileidskarten». Mir geht eine Geschichte nicht mehr aus dem Kopf, die mir ein Mitarbeiter eines Großkonzerns erzählt hat: Als seine Eltern bei einem Autounfall ums Leben kamen, wussten die Bosse in der Firma nicht, wie sie sich verhalten sollten. Drei Tage nach der Beerdigung fand er in seinem Arbeitsfach eine vom Konzernvorstand (den er nicht mal persönlich kannte) unterzeichnete Beileidskarte. Bis heute hat ihm niemand persönlich das Beileid ausgesprochen ...
- Nehmen Sie an der Beerdigung teil. Setzen Sie ein Zeichen, indem möglichst viele Mitarbeiter bei der Beerdigung anwesend sind. Das gibt Halt und Unterstützung.

- Lassen Sie eine Beileidskarte vom gesamten Team unterzeichnen.
- Zeigen Sie sich großzügig beim Gewähren von zusätzlichen freien Tagen, falls Ihr Mitarbeiter einen Todesfall in der Familie zu beklagen hat.
- Informieren Sie andere schnell und professionell. Intern sowie extern!

PS: Besonders beeindruckte mich die großzügige Geste eines Unternehmers, der beim Todesfall eines Mitarbeiters einen Fonds für die drei hinterbliebenen Kinder eingerichtet hat. Das Geld wird für die Erziehung und Ausbildung der Kinder bis zum 20. Lebensjahr eingesetzt.

Sexuelle Belästigung am Arbeitsplatz

Hintergrundinformationen zum Thema

Was ist sexuelle Belästigung am Arbeitsplatz?

Sexuelle Belästigung ist ein Verhalten mit sexuellem Inhalt oder auch nur einem sexuellen «Unterton», durch das eine Frau in der Regel bedroht, belästigt oder erniedrigt wird. Sexuelle Übergriffe gehen von anzüglichen Bemerkungen und taxierenden Blicken, über aufgedrängte Küsse und scheinbar zufällige Berührungen bis hin zu Vergewaltigung. Es sind Kollegen, Vorgesetzte, Kunden, die auf diese Weise am Arbeitsplatz die körperlichen oder psychischen Grenzen einer Frau überschreiten. Sie versuchen damit, die Frau in eine unterlegene Position zu zwingen. Im Betrieb sind die Belästiger häufig in einer mächtigeren Position, da sie dem Betrieb schon länger angehören und/oder in der Hierarchie höher stehen. Gemäß den bisherigen Umfragen im deutschsprachigen Raum sind die meisten Täter zwischen 40 und 50 Jahre alt und verheiratet.

Das Ausmaß

Gut 70 Prozent aller berufstätigen Frauen sind von sexueller Belästigung betroffen, wenn man auch «leichtere» Übergriffe wie anzügliche Bemerkungen und taxierende Blicke miteinbezieht. Die Zahl macht deutlich, dass sexuelle Gewalt im Arbeitsleben fast alle Frauen betrifft und damit ein großes gesellschaftliches Problem ist.

Auswirkungen sexueller Belästigung

Die Folgen für die betroffenen Frauen sind vielschichtig und können sowohl seelische als auch körperliche Probleme sein. Sie reichen von Schlaf- und Konzentrationsstörungen, Kopfschmerzen bis hin zu massiven Ängsten und Selbstwertproblemen, die sich in Depressionen und Selbstmordgedanken äußern können.

Wie können Frauen sich wehren?

Frauen hoffen oft, dass der Angreifer sie in Ruhe lässt, wenn sie den Übergriff ignorieren. Da diese Hoffnung sich in der Regel nicht erfüllt, sollten sie offensiv reagieren.

Ganz wichtig: Arbeitskollegen tragen Mitverantwortung für andere. Helfen Sie aktiv mit, dass sexuelle Belästigungen nicht bagatellisiert werden! Setzen Sie sich für die Opfer ein!

Tipps für Betroffene:

- Bedenken Sie: Sie haben ein Recht auf Schutz Ihrer persönlichen Integrität am Arbeitsplatz! Sexuelle Belästigung verletzt die Persönlichkeit und Würde eines Menschen.
- Sie brauchen Verbündete. Holen Sie sich Unterstützung im privaten und beruflichen Umfeld. Warten Sie auf keinen Fall ab. Das Problem löst sich nicht von alleine und auch nicht mit der Zeit ...
- Machen Sie dem Angreifer – auch in Gegenwart anderer – deutlich, dass sein Verhalten unerwünscht ist, und fordern Sie ihn auf, die Übergriffe zu unterlassen. Wenn Sie sich einem

persönlichen Gespräch nicht aussetzen wollen, schreiben Sie ihm einen Brief. (Behalten Sie unbedingt eine Kopie.)

- Platzieren Sie entsprechende Aufkleber, kritische Zeitungsartikel oder erfolgreiche Gerichtsurteile am Arbeitsplatz des Täters.
- Informieren Sie den Geschäftsführer oder nächsten Vorgesetzten, zu dem Sie Vertrauen haben. Diese können (MÜSSEN!) den Täter – auch ohne Nennung Ihres Namens – zur Rede stellen.
- Lernen Sie in einem Rhetorik- oder Selbstverteidigungskurs, wie Sie sich verbal und körperlich wehren können.
- Nutzen Sie Ihre rechtlichen Möglichkeiten. Im Arbeits- und Disziplinarrecht ist sexuelle Belästigung eindeutig verboten. Massive Übergriffe können auch strafrechtlich verfolgt werden. Sie sollten sich auf jeden Fall rechtsanwältlich beraten lassen, bevor Sie rechtliche Schritte einleiten.

Dufte Sache

Für den Fall, dass Sie einen Mitarbeiter im Team haben, der durch mangelnde Körperhygiene unangenehm auffällt, gibt es diesen möglichen Lösungsweg:

Laden Sie den Mitarbeiter zu einem Gespräch unter vier Augen ein.

- Beginnen Sie das Gespräch mit etwas Positivem: «Lieber Frank Mühlemann, wir schätzen Sie und Ihre Arbeit sehr. Es macht Spaß, Sie im Team zu haben.»

Kommen Sie danach direkt auf den Punkt!

- «Ich möchte mit Ihnen gerne etwas besprechen, das mir in letzter Zeit aufgefallen ist. Sie schwitzen stark, so stark, dass ich es rieche.»

Stellen Sie direkte Fragen!

- «Ist Ihnen das auch aufgefallen?»
- «Haben Sie schon versucht, etwas dagegen zu unternehmen?»

Sprechen Sie immer von sich und nicht von anderen oder von dem, was man Ihnen gesagt hat, denn sonst fragt der Mitarbeiter nach Namen. (Sorry, aber da müssen Sie durch!)

Bieten Sie Lösungen an!

- «Ich kann Ihnen Mittel empfehlen, die Sie in der Apotheke kaufen können.»
- «Haben Sie schon einmal versucht, die Deodorantmarke zu wechseln oder zum Beispiel auf Deocreme umzusteigen?»
- «Vielleicht liegt es ja auch an den synthetischen Bekleidungsstoffen, die Sie tragen.»
- «Eventuell hilft es ja auch, wenn Sie öfters duschen, vielleicht zweimal täglich.»

Verlangen Sie ein Commitment!

- «Denken Sie nicht auch, dass wir für diese Sache so rasch wie möglich eine Lösung finden sollten?»
- «Was halten Sie davon, wenn Sie ab sofort diese Salbe ausprobieren und schauen, ob sich die Situation verbessert?»

Setzen Sie ein Nachgespräch fest!

- «Lassen Sie uns gleich einen Termin vereinbaren, bei dem wir nochmals darüber sprechen und schauen, ob die Maßnahmen gefruchtet haben.»

Tipps:

- Stellen Sie sicher, dass Sie den Mitarbeiter nicht bloßstellen.
- Reden Sie nicht um den heißen Brei herum, sondern sprechen Sie einfühlsam, aber selbstbewusst.
- Keine Vorwürfe, sondern eine Verbesserung der Situation ist gefragt!

Loyalitäts-Check

Stellen Sie sich einmal folgende Situation vor:

Sie sitzen in einem Café und hören, wie in einem Gespräch am Nachbartisch der Name der Firma genannt wird, in der Sie arbeiten. In der Unterhaltung äußert sich eine Person aufgrund eines Erlebnisses sehr negativ über Ihr Unternehmen.

Wie reagieren Sie?

a) Sie unternehmen nichts und erzählen auch in der Firma nichts.

b) Sie unternehmen nichts, erzählen das Erlebte jedoch später Ihren Arbeitskollegen.

c) Sie gehen an den Nachbartisch und geben sich als Mitarbeiter der Firma zu erkennen. Sie versuchen, die Adresse des unzufriedenen Kunden zu erhalten, um den Sachverhalt intern abzuklären und in irgendeiner Form darauf reagieren zu können.

Hand aufs Herz, wie hätten Sie sich verhalten?

Gibt es ein Richtig oder ein Falsch? Wir denken, dass einzig die Antwort **a)** nichts Gutes verheißt, denn sie beweist deutliches Desinteresse. Wem es egal ist, ob gut oder schlecht über die Firma gesprochen wird, der sollte lieber schon heute die Stelle wechseln …

Bei der Antwort **b)** zeigt sich ein gewisses Interesse, falls der Mitarbeiter oder die Mitarbeiterin das Erlebnis schildert, um Verbesserungen im Unternehmen zu erzielen. Wenn es jedoch nur erzählt wird, um zu kommunizieren: «Ich habe sowieso schon gewusst, dass es bei uns nicht funktioniert, und dieser Kunde hat es einmal mehr bestätigt!», dann trägt es nicht eben zu einer Verbesserung bei.

Haben Sie jedoch Antwort **c)** gewählt, dann haben Sie nicht nur eine hohe Identifikation mit dem Unternehmen, sondern sind auch noch eine sehr selbstbewusste, engagierte Persönlichkeit.

Konflikte konstruktiv lösen!

Diese Vorgehensweise hat sich bewährt:

Diagnose

- Was ist der Konfliktgrund?
- Wer sind die Beteiligten?

Planung

- Welche Fakten besitze ich?
- Welche Informationen fehlen mir, um mir eine Übersicht der Situation zu verschaffen?
- Mit welchen «Menschentypen» habe ich es zu tun?

Ausführung

- Setzen Sie sich mit den Beteiligten an einem konfliktfreien, neutralen Ort zusammen.
- Nennen Sie zu Beginn Ihre Zielsetzung, nämlich den Konflikt zu beheben.
- Fassen Sie die Situation aus Ihrer Sicht zusammen.
- Lassen Sie beide Parteien dazu Stellung beziehen.
- Machen Sie Ihren Vorschlag.
- Verlangen Sie verbindliche Aussagen!

Kontrolle/Nachgespräch

- Vereinbaren Sie gleich einen Kontrolltermin, an dem sich alle wieder treffen und ein Feedback zur Situation geben. Dieser Termin sollte zwei bis zehn Tage nach dem Gespräch liegen.
- Belohnen Sie bei hervorragender Konfliktlösung die Beteiligten!

Verbesserungsvorschläge von Mitarbeitern

In vielen Firmen herrscht noch immer eine Briefkastenmentalität. Mitarbeiter werden aufgefordert, Ideen zu liefern, erhalten dann jedoch selten ein Feedback auf ihre Ideen. Es wäre vermessen, zu behaupten, eine Firma sei auf Verbesserungsvorschläge nicht angewiesen, denn oft wissen die Mitarbeiter in ihren Fachbereichen am besten, wo es was zu optimieren gibt. Geben Sie Ihren Mitarbeitern einen Anreiz, Vorschläge einzureichen und Eigeninitiative zu entwickeln. Vergessen Sie nicht: **Für jedes Paar Hände, das Sie einstellen, erhalten Sie einen Kopf gratis dazu. Nutzen Sie ihn!**

Wichtige Tipps

Punkte, auf die Sie achten müssen, wenn Sie Mitarbeiter auffordern, Verbesserungsvorschläge zu unterbreiten:

• Schaffen Sie eine einheitliche Vorlage, wie Vorschläge schriftlich festgehalten werden können (vgl. Muster auf Seite 135).
• Stellen Sie sicher, dass Sie sich persönlich für die Vorschläge bedanken.
• Planen Sie Zeit ein, um dem Mitarbeiter ein fundiertes Feedback geben zu können.
• Loben Sie besonders gute Vorschläge.
• Erzählen Sie auch Ihrem Vorgesetzten, wer welche Vorschläge unterbreitet hat, damit jeder weiß, wer sich in der Firma engagiert.
• Erwähnen Sie in Meetings den Namen des jeweiligen Mitarbeiters, der einen besonders guten Verbesserungsvorschlag unterbreitet hat.

- Belohnen Sie Verbesserungsvorschläge, die in der Firma erfolgreich umgesetzt wurden. (Geschenkideen finden Sie in diesem Buch genügend!)
- Führen Sie die Auszeichnung «Optimierer des Monats» ein und vergeben Sie jeweils ein Anerkennungszertifikat.
- Zeigen Sie regelmäßig auf, zu welchen Verbesserungen, Kosteneinsparungen etc. die Vorschläge geführt haben.

Die nachfolgende Liste zeigt eine Möglichkeit, wie Sie die Verbesserungsvorschläge in Ihrem Unternehmen systematisieren können. Ich kenne Unternehmen, bei denen ist es nicht optional, sondern Pflicht, am Ende jedes Monats unaufgefordert Verbesserungsvorschläge einzureichen.

Meine Ideen für den kontinuierlichen Innovations- und Verbesserungsprozess:

Monat: August
Mitarbeiterin: Irene Grüter

Meine Verbesserungsidee	Nutzen	Ersparnis	Investition	Feedback

TIPPS FÜR MOTIVIERENDE MITARBEITERGESPRÄCHE

Jedes Gespräch bietet Ihnen eine Gelegenheit, Ihre Mitarbeiter zu motivieren! Der größte Fehler, der einem dabei unterlaufen kann, ist: unvorbereitet und unstrukturiert ins Gespräch zu gehen. Schreiben Sie Ihre Punkte in Mind-Map-Form auf und bereiten Sie das Gespräch gut vor! Und bedenken Sie auch: **Die wichtigste Voraussetzung für die Förderung der Motivation bei anderen ist die eigene Motivation.**

Weshalb Mitarbeitergespräche oft scheitern:

- Führungskräfte hören nicht zu.
- Sie sind unter Zeitdruck.
- Sie sind voreingenommen.
- Sie suchen nach schnellen Patentlösungen.
- Sie fragen unstrukturiert.
- Sie erledigen nebenbei anderes.

Tipps zum Gesprächsablauf

Schaffen Sie einen guten Einstieg ins Gespräch!

- Was macht Ihr Fußballspiel?
- Wie weit sind Sie mit dem Umbau Ihres Hauses?
- Herzlichen Dank für Ihren tollen Einsatz beim gestrigen Meeting etc.

Vermeiden Sie Missverständnisse!

- Erklären Sie zu Beginn des Gesprächs den Sinn und die Absicht der Zusammenkunft.
- Signalisieren Sie Vertrauen und Diskretion.

- Stellen Sie das Gespräch als Dienstleistung für die Mitarbeiter dar.

Werden Sie nie persönlich!

- Bleiben Sie beim Gespräch sachlich und neutral.
- Im Zentrum steht das Unternehmen!

Erklären Sie Ihre Erwartungen!

- Was für gemeinsame Ziele haben wir?
  Formulieren Sie wie folgt:
  - Am schönsten ist es, wenn wir …
  - Am meisten befürchte ich, dass …
  - Denken Sie nicht auch, dass wir gemeinsam …

Problemsammlung, -strukturierung und -gewichtung:

- Probleme respektive optimierungsbedürftige Punkte sollten während des Jahres gesammelt werden, damit konkrete Verbesserungen angegangen werden können.
- Fragen Sie sich im Vorfeld:
  - Worin äußert sich das Problem (Symptome)?
  - Welche Lösungsmöglichkeiten bieten sich an?

Zielsetzungen:

- Formulieren Sie nicht mehr als drei konkrete Ziele. Die Praxis zeigt, dass bei mehr als drei Zielsetzungen die Umsetzungskonsequente nachlässt.
- Definieren Sie die Zielsetzungen klar und unmissverständlich.
- Fragen Sie das jeweilige Teammitglied, ob ihm die Zielsetzungen ebenfalls klar sind.
- Legen Sie bereits den nächsten Gesprächstermin zeitlich fest.

Gesprächsabschluss:

- Haben Sie zu unserem Gespräch oder zu irgendeinem anderen Punkt eine Frage? (Auf nonverbale Kommunikation achten!)
- Kann ich noch irgendetwas für Sie tun?
- Bedanken Sie sich für das Gespräch und für die bisherige Leistung.

Verben, die Ihnen helfen,
Ziele treffsicher zu formulieren

Wissens-formulierungen	Verstehens-formulierungen	Anwendungs-formulierungen
aufzählen	beschreiben	lösen
nennen	erklären	durchführen
wiedergeben	erläutern	gebrauchen
reproduzieren	erörtern	berechnen
bearbeiten	verdeutlichen	anwenden
	interpretieren	übertragen
	übersetzen	

Analyse-formulierungen	Synthese-formulierungen	Beurteilungs-formulierungen
analysieren	entwerfen	bewerten
ableiten	entwickeln	beurteilen
unterscheiden	erfassen	bemessen
ermitteln	vorschlagen	entscheiden
aufdecken	planen	auswählen
gliedern	erarbeiten	
bestimmen	kombinieren	
identifizieren	konstruieren	
vergleichen		
zuordnen		

Ihre Zielstrategie

Helfen Sie Ihren Mitarbeitern, den persönlichen Erfolg auf- und auszubauen. Überprüfen Sie im Gespräch die folgenden sieben Schritte und diskutieren Sie gemeinsam, wo auf dem Weg zum Erfolg noch Optimierungsmaßnahmen getroffen werden sollten!

1. Geben Sie niemals auf!

Angst ist der Grund, warum sich Menschen oft unter Wert verkaufen. Verwirklichen Sie Ihre Sehnsüchte. Die vorange- gangenen Fragen helfen Ihnen, sich auf die wesentlichen Punkte in Ihrem Leben zu konzentrieren. Beschließen Sie gleich zu Beginn, erfolgreich zu sein und sich niemals durch Rückschläge vom Weg abbringen zu lassen.

2. Glauben Sie an sich!

An wen sollten Sie denn sonst glauben? Zeigen Sie sich selbst, dass Sie erfolgreich sind, das bildet die Basis für weiterer Erfolg!

3. Visualisieren Sie Ihre Ziele!

Ziele, die Sie nicht schwarz auf weiß vor Augen haben, sind keine. Verwechseln Sie nie Wünsche mit Zielen, denn Wünsche sind lediglich Ziele, hinter denen keine Energie steht.

4. Listen Sie die Vorteile auf!

Was bringt mir das, wenn ich ein Ziel erreicht habe? Listen Sie bei jedem Ziel die Vorteile auf, damit Sie klar erkennen, was der Vorteil der Zielerreichung ist. Das gibt Ihnen Ansporn für die Umsetzung.

5. Geben Sie sich Zeit!

Kein Ziel ohne Zeitfenster. Wenn Sie sich nur deshalb keine Fristen setzen, damit Sie später nicht enttäuscht sind, falls Sie eventuell die Zeitvorgabe nicht einhalten können, dann sind Sie auf dem Holzweg! Wenn Sie ein Ziel einmal nicht in der gesetzten Zeit erreichen, dann müssen Sie sich sofort wieder eine neue Frist setzen.

6. Beschaffen Sie sich Informationen!

Stellen Sie sicher, dass Sie alle Informationen haben, um Ihr Ziel zu verwirklichen. Fast sämtliche Fehlschläge basieren auf mangelnder Information. Fragen Sie sich: «Welche Talente, Fähigkeiten, Informationen benötige ich, um mein Ziel zu erreichen?»

7. Nutzen Sie Ihr Netzwerk!

Auf dem Weg zum Ziel benötigen Sie die Mithilfe vieler Menschen. Das kann Ihre Familie sein, aber auch ein Freund, ein Bekannter, Ihr Chef etc. Notieren Sie, wer für die jeweilige Zielerreichung die wichtigste Hilfe bietet.

WORTE, DIE BEFLÜGELN, (UND WORTE, DIE DEMOTIVIEREN)

Offene Kommunikation hat viele Gesichter. Im täglichen Umgang sagen Führungskräfte oft Dinge, die sie eigentlich so nicht meinen, die aber (leider) bei Mitarbeitern, falsch ankommen. Um Sie zu sensibilisieren, haben wir eine Liste mit Beispielen verfasst.

Folgende Worte haben einen positiven Charakter und motivieren zu weitere Spitzenleistungen!

- «Mit dieser Idee können wir eine Menge machen.»
- «Schön, dass wir immer auf dich zählen können.»
- «An das habe ich selbst nie gedacht.»
- «Toll gemacht!»
- «Ich schätze sehr, was du tust.»
- «Das wäre sehr interessant, es auszuprobieren.»
- «Du bist auf dem richtigen Weg, weiter so!»
- «Du bist der Erste, der mit diesem Gedanken kommt. Vielen Dank dafür.»
- «Schön, dich im Team zu haben.»
- «Spitzenleistung!»
- «Super! Das ist die Idee.»

Folgende Worte sind Killerphrasen und führen zu Demotivation!

- «Eine gute Idee, aber …»
- «Lass uns das ein andermal diskutieren.»
- «Ich habe jetzt keine Zeit.»
- «Für das haben wir kein Budget.»
- «Das haben wir früher schon probiert.»

- «Das funktioniert nur in der Theorie, aber nicht in der Praxis.»
- «Ich wusste ja, dass das nicht funktioniert.»
- «Hättet ihr nur auf mich gehört, dann wäre das nicht passiert.»
- «Diesen Vorschlag akzeptiert die Geschäftsleitung sowieso nie.»
- «Typisch!»
- «Das hat jetzt keine Priorität.»

MOTIVATIONSSPRÜCHE

Motivierende Sprüche kann man auf einfache Weise einsetzen, zum Beispiel als motivierende SMS oder E-Mail-Nachricht, als Spruch des Tages auf einem Plakat beim Büroeingang, als Begrüßungsspruch bei Meetings, als Postskriptum in Ihrer Korrespondenz etc. Nachfolgend finden Sie eine Auswahl:

Nichts auf der Welt ist so mächtig wie eine Idee, deren Zeit gekommen ist.

Deine Arbeit ist Gold wert!
(Zu diesem Spruch können Sie auch eine in Goldpapier verpackte Schokolade schenken.)

Dein Durchhaltewillen beeindruckt mich!
(Schreiben Sie diesen Spruch auf eine Energiedrinkdose.)

Schnell wie der Wind und genau wie eine Schweizer Uhr.
In punkto Quantität und Qualität bist du unschlagbar!
Mach weiter so!

Du beflügelst uns zu übermenschlichen Taten!
(Schreiben Sie diesen Spruch auf eine Büchse «Red Bull»)

Ohne Risiko kein Erfolg … Danke für deine Eigeninitiative!
(Dabei können Sie Ihrem Mitarbeiter eine günstige Aktie schenken.)

Zielstrebig, erfolgreich, aufgeweckt, selbstbewusst …,
um nur ein paar Qualitäten zu nennen, die wir an dir schätzen.

Alles ist schwierig, bevor es leicht wird.

Einzeln sind wir Worte, zusammen ein Gedicht.

Motivationssprüche

Nur wenn man das Unerreichbare anstrebt,
gelingt das Erreichbare.

Der beste Weg zum Ziel verläuft selten gerade.

Die Tat unterscheidet das Ziel vom Traum.

Wenn es dich nicht gäbe, hätte man dich erfinden müssen.

Du bist eindeutig ein Glücksfall für die Firma!

Wenn nicht du, wer dann; und wann, wenn nicht jetzt?

Der Weg des geringsten Widerstands ist nur am Anfang
asphaltiert.

Diejenigen Mitarbeiter, die morgens etwas zu spät kommen,
werden höflichst gebeten, äußerst rechts zu gehen, damit
sie nicht mit jenen Mitarbeitern kollidieren, die abends etwas
früher gehen.

Fantasie ist wichtiger als Wissen, denn Wissen ist begrenzt.

Der wahre fliegende Teppich ist reine Fantasie.

Aufhören können, das ist nicht eine Schwäche,
das ist eine Stärke.

Erfahrung ist der Name, mit dem jeder seine Dummheit
bezeichnet.

Zusammenkommen ist ein Anfang ... Zusammenbleiben ist
ein Fortschritt ... Zusammenarbeiten ist ein Erfolg.

Selbst der längste Weg beginnt mit einem ersten Schritt.

Motivationssprüche

(Amici,) diem perdidi – (Freunde), ich habe einen Tag vertan.
(Titus, römischer Kaiser, 39–81 n. Chr.)
(Ausspruch, als er eines Abends darüber nachdachte, dass er an
diesem Tag niemandem etwas Gutes getan hatte.)

Eppure si muove – Und sie (die Erde) bewegt sich doch.
(Galileo Galilei, 1564–1642)
(Ausspruch, den er bei der Abschwörung seiner Lehre getan
haben soll.)

GLOSSAR FÜR CMOS

Aktives Fragen

«Wer fragt, der führt.» Gezielte Fragen helfen, den Gesprächs-
verlauf in der Hand zu haben und notwendige Informationen für
Entscheidungen zu erhalten. Durch aktives Fragen bekommen
Sie zudem Informationen, die beim passiven Fragen untergehen.

- Passives Fragen: «Wie geht's?»
- Aktives Fragen: «Wie gut geht es Dir heute?»

Aktives Zuhören

«Reden ist Silber – Zuhören ist Gold!» Zuhören reicht aber
alleine oft nicht aus. Aktives Zuhören bedeutet, dem Gesprächspartner seine Aufmerksamkeit zu signalisieren und möglichst
genau herauszufinden und zu verstehen, was dieser wirklich
meint. Gerade dominante Führungskräfte bekunden große Mühe beim Zuhören und machen oft den Fehler, Lösungen anzu-
bieten, bevor der Mitarbeiter das Anliegen fertig formuliert hat.

CMO

Übersetzt: Chief Motivation Officer. Von Daniel Zanetti frei
erfundene Funktionsbezeichnung in Anlehnung an die Aufgaben eines CEOs. Der Titel CMO bringt zum Ausdruck, dass
Softfaktoren wie Coaching, Motivation und Unternehmenskultur mit hoher Priorität behandelt werden.

Coaching-Gespräch

Mitarbeiter zu mehr Unabhängigkeit und Selbstständigkeit zu
führen und ihnen bei Überforderung zu helfen, das ist Ausdruck einer neuen Führungskultur und wird auch als «Leader-
ship-Coaching» bezeichnet. Sie lernen, Ihren persönlichen

Führungsstil zu optimieren, um situations- und mitarbeiterge-recht agieren zu können.

Als Führungskraft definieren Sie mit dem Mitarbeiter das Ziel und helfen ihm:

- schwierige Situationen besser zu meistern,
- Alternativen zu finden,
- Informationen zu beschaffen,
- Entscheidungen zu treffen, die es ermöglichen, die verein-barten Ziele zu erreichen.

Der Coach löst jedoch nicht die Probleme des Mitarbeiters, sondern unterstützt ihn in seiner Vorgehensweise.

Delegieren

Nicht alles selbst zu machen, sondern die Mitarbeiter «einzu-spannen», steigert deren Motivation und Leistungsbereit-schaft, entlastet vom Tagesgeschäft und gibt Führungskräften Zeit, sich um die Führungsaufgaben zu kümmern.

Empowerment

Auf Deutsch: befähigen, beflügeln. Empowerment ist eine Führungskultur, die darauf abzielt, möglichst viele Kompeten-zen und Eigenverantwortung auf die Mitarbeiter zu übertragen.

Führungskräfte werden so zu Unterstützern und Helfern. Mehr Spaß und Zufriedenheit an der Arbeit, kürzere Entschei-dungswege, mehr Spielraum im Handeln und zufriedenere Kunden sind die Hauptvorteile empowerter Unternehmen.

Beispiel:

«Chef, wie soll ich das machen?» ist eine der meist gestellten Fragen an Führungskräfte. Empowerte Führungskräfte bieten keine Lösung, sondern stellen eine Gegenfrage: «Wie würdest du es denn machen?» Sie aktivieren so das Gehirn Ihres Mitarbeiters und verkommen nicht zur Informationszentrale …

Feedbackgespräche

Feedbackgespräche sind Gespräche, in denen Sie als Führungskraft zum Verhalten und/oder der Leistung eines Mitarbeiters Stellung beziehen. Nutzen Sie Feedbackgespräche zur Motivation!

Fringe Benefits

Nicht monetäre Leistungen, die die Firma ihren Mitarbeitern offeriert. Zum Beispiel Fitnesscenterabo, Kinderhort, Einkaufsservice, Belohnungsreise etc. Mit solchen Leistungen kann sich eine Firma im Bereich Mitarbeitermarketing einen Vorteil gegenüber Mitbewerbern schaffen. Zudem tragen solche Benefits viel zur Bindung des Mitarbeiters an die Firma bei.

Informationsgespräche

In einem systematisch durchgeführten Informationsgespräch geht es um den Austausch von Informationen zwischen Führungskraft und Mitarbeiter. Der Mitarbeiter informiert dabei über seine Arbeit und erhält von der Führungskraft Informationen, die für seine weitere Arbeit wichtig sind, und umgekehrt. Informationsgespräche erzeugen Transparenz und geben das Gefühl, an einem Strang zu ziehen.

Kommunikationsprobleme

Trotz guter Vorsätze beider Kommunikationspartner kann es bei Gesprächen zu Problemen kommen. Gründe dafür sind z.B. unpräzise Ausdrucksweise und Unterschiede zwischen Gesagtem und Gemeintem. Sich mit dem eigenen Kommunikationsverhalten und dem der Gesprächspartner zu beschäftigen, das hilft zu vermeiden, in Kommunikationsfallen zu tappen. Beachten Sie auch die verschiedenen Kommunikationseigenschaften von Frau und Mann!

Konfliktmanagement

Konflikte sind allgegenwärtig. Es lässt sich jedoch lernen, sowohl mit den eigenen Konflikten als auch mit denen von Kollegen und Mitarbeitern besser umzugehen. Und wenn Sie die Chancen in Konflikten nutzen, dann werden diese sogar zu produktiven Einflussfaktoren des Unternehmenserfolgs.

Lob und Kritik

Mitarbeiter müssen die Verantwortung für ihre Arbeitsergebnisse tragen. Führungskräfte haben die Aufgabe, diese zu kontrollieren und zu bewerten. Lob und Kritik helfen den Mitarbeitern, ihre Leistungen besser einzuschätzen, und sind somit ein Steuerungsinstrument für Führungskräfte. Konstruktive Kritik löst immer einen Lerneffekt aus und kann so enorm motivierend wirken. Wenn untereinander offen gelobt und kritisiert wird, lässt dies auf ein offenes, engagiertes Team schließen, das den Fokus immer auf den Kunden richtet.

Körpersprache

Die Körpersprache als nonverbale Kommunikation kann zur Unterstützung des gesprochenen Wortes genutzt werden, kann uns aber auch unglaubwürdig erscheinen lassen. Wichtig ist es, zu wissen, dass Worte allein wenig zählen! Tonfall, Mimik und Gestik sind enorm wichtige Elemente in der Kommunikation. Bedenken Sie: «Man kann nicht nicht kommunizieren!»

Kreativitätsförderung

Haben Sie Mut zur Kreativität und fördern Sie diese auch bei Ihren Mitarbeitern. Verlassen Sie erfolglose Pfade und forschen Sie nach neuen, besseren Wegen. Wer nicht wagt, der nicht gewinnt. Stillstand ist Rückschritt!

Management by Objectives (MbO)

Auf Deutsch: Zielvorgaben. Funktionsspezifische Ziele, Bereichsziele, Abteilungsziele und individuelle Ziele als Richtwerte für den Leistungslohn werden im Rahmen des Management by Objectives mit den Mitarbeitern vereinbart, oft im jährlichen Qualifikationsgespräch. Je besser dabei die Ziele quantifiziert werden können, desto einfacher ist es, den Leistungslohn festzulegen.

Meetings

Zusammentreffen von Mitarbeitern/Führungskräften zur Diskussion bestimmter Themen. 50 Prozent der Arbeitszeit von Führungskräften werden in Meetings investiert. Leider sind nur wenige Führungskräfte gute Meetingleiter. In diesem Buch finden Sie hilfreiche Tipps, wie Sie als Führungskraft ein Meeting in gut investierte Zeit verwandeln können.

Mitarbeiterverblüffung

Das bedeutet: durch individuelle, motivierende Leistungen dem Mitarbeiter mehr bieten, als er von mir als Führungskraft erwartet. Richtig eingesetzte Mitarbeiterverblüffung kann vielseitig passieren – auf fachlicher wie auf zwischenmenschlicher Ebene – und führt zwangsläufig zur Bindung ans Unternehmen.

Moderationstechnik

Die Moderationstechnik hilft, motivierender zu kommunizieren. Vor allem der emotionale Aspekt darf dabei nicht unterschätzt werden. Wie Sie eine Botschaft mitteilen, das hat großen Einfluss auf das, was in den Köpfen hängen bleibt. Arbeiten Sie mit praktischen Beispielen, formulieren Sie bildhaft, erarbeiten Sie Lösungen in Gruppen etc. Stellen Sie sicher, dass sich die Mitarbeiter mit den Ergebnissen identifizieren können.

Motivationsgespräche

Der Erfolg einer Führungskraft hängt fast ausschließlich von den Leistungen seiner Mitarbeiter ab. Deren Bereitschaft, ihre Pflichten zu erfüllen oder sich sogar darüber hinaus für das Unternehmen zu engagieren, lässt sich durch (faire) Motivationsgespräche steigern. Als Führungskraft ermutigen Sie die

Mitarbeiter, gestellte Aufgaben konsequent zu verfolgen und auch bei Durststrecken nicht zu kapitulieren, indem Sie den Sinn der Arbeit aufzeigen, die Mitarbeiter in Ihre Entscheidungen mit einbeziehen, schnell und direkt kommunizieren, Feedback geben etc.

Reflexionstechnik

Die Reflexionstechnik dient zur Selbstbeobachtung und hinterfragt das eigene Handeln und Denken – und die daraus folgenden Konsequenzen. Hinterfragen Sie sich und Ihr Team regelmäßig. Das schafft Vertrauen, zeigt Größe und hilft mit, das Wesentliche nicht aus den Augen zu verlieren.

Spielregeln

(Auch Leitbild genannt.) Diese Regeln bestimmen die Zusammenarbeit zwischen den internen Kunden (Mitarbeitern) sowie den externen Kunden (Kunden und Partner). Ohne Spielregeln ist kein geordneter Ablauf möglich. Die Spielregeln sollten von allen Mitarbeitern akzeptiert und eingehalten werden. Tipp: Erläutern Sie die Spielregeln einem Mitarbeiter, bevor er den Arbeitsvertrag unterzeichnet!

Stressmanagement

Ein Leben ohne Stress gibt es nicht. Wichtig ist es, Dauerstress zu vermeiden. Die Kunst liegt darin, einen gesunden Ausgleich zwischen Spannung und Entspannung zu finden.

Zeitmanagement

Zeit wird in der Berufswelt zunehmend zur knappen Ressource. Ein bewusster, verantwortungsvoller Umgang mit diesem wertvollen Gut hilft, die Produktivität zu steigern und Ruhe (und damit auch ein stressfreies Leben) zu gewinnen. Dafür genügt die Einhaltung einiger weniger Regeln. Zeitmanagement ist somit ein wichtiges Instrument der Selbstorganisation.

Zielerreichungsgespräch

Dieses Gespräch dient der Überprüfung der Zielerreichung. Ist- und Sollzustand werden verglichen und Gründe für Zielabweichungen aufgedeckt. Bei Bedarf finden Anpassungen statt, die den Mitarbeiter in die Lage versetzen, seine Aufgabe trotz Zielabweichungen zu erfüllen.

Zielvereinbarungsgespräche

Diese Gespräche dienen dazu, verbindliche Vereinbarungen zwischen Führungskraft und Mitarbeiter über zu erreichende Ziele zu treffen. Diese müssen realistisch, mess- und überprüfbar sowie mit den persönlichen Zielen und denen des Unternehmens vereinbar sein.

DRINGLICHKEITSLISTE

In den nächsten 30 Tagen möchte ich folgende Ideen erfolgreich umsetzen:

Idee/Aktion	Termin

DANKSAGUNG

Dieses Buch ist keine Einzelleistung, sondern das Resultat von perfektem Teamwork. Ohne die tatkräftige Unterstützung vieler geschätzter Menschen wäre dieses Buch noch heute bloß eine von vielen Ideen in meinem Kopf.

Cristian Di Mercurio unterstützte mich bei der Realisierung dieses Buches in jeder Hinsicht. Er war es, der mich ermutigte, das Sammelsurium von Ideen und Erfahrungen in eine Form zu bringen. Um neben dem «Daily Business» noch ein Buch zu schreiben, benötigt es eine motivierende, zuweilen auch treibende Kraft. Danke Cristian!

Danke auch an Jörg Neumann, meinen Geschäftspartner. Die Partnerschaft mit ihm hat zu zwei erfolgreichen Firmen geführt und zu einer Freundschaft, die ich nicht mehr missen möchte.

Ebenso Danke an Corinne Häggi für das kritische Hinterfragen unserer Ideen und Gedanken. Sie nahm Cristian und mir wesentliche Arbeiten ab, damit wir Zeit in dieses Buch investieren konnten.

Viele Tipps und Anregungen kamen zudem vom Neumann-Zanetti & Partner Team, das dieses Projekt von Anfang an unterstützte.

Herzlichen Dank auch dem Brainstorming-Team Maria Büeler, Evelyne Heller, Monika Singenberger, Bettina Spichiger, Christina Lampe, Angela Reho, Beatrice Stamm, Carlo Zanatta, Rolf Sägesser, Ludwig Willimann und Martin Zurbriggen. Sie haben viel dazu beigetragen, dass dieses Buch nicht ein weiteres Motivationstheoriebuch wurde.

Ganz besonderen Dank gilt auch meiner Freundin Beatrice Stamm, die immer wieder Texte korrigierte, hervorragende Impulse gab und vor allem viel zuhörte.

Der größte Dank von allen gehört jedoch Ihnen, liebe Leserin und lieber Leser. Sie sind es, die dieses Buch lesen und mit der Umsetzung der einen oder anderen Idee viel zu einer positiven Stimmung in Ihrem Team beitragen können. Sie machen so jenen Menschen eine Freude, die während eines kurzen Lebensabschnitts den Weg mit Ihnen teilen. It's not all about business!

Ich wünsche Ihnen, dass Ihre Mitarbeiter Sie als CMO in Erinnerung behalten!

AUTOR

Daniel Zanetti ist Geschäftsführender Mitinhaber der Mystery Shopping- und Trainingsfirma NeumannZanetti & Partner (www.nzp.ch). Mit seinem Do-how unterstützt er 700 Kunden in 14 Ländern. Er ist zudem Buchautor, Verfasser zahlreicher Presseberichte, Talk-Gast bei diversen Radiosendungen und Autor des «The Weekly Empowerment Innovationsletter» (über 13.000 Abonnenten in 30 Ländern).

The-Weekly-Empowerment

The-Weekly-Empowerment ist ein Innovationsletter, den Daniel Zanetti seit 1999 Woche für Woche verschickt. Doch wie kam es dazu?

Als Trainer sind Sie dazu aufgefordert, den Anliegen der eigenen Kunden auf die Spur zu kommen. Ich entdeckte, dass ich – wenn ich meine Antennen auf Empfang stelle – in jeder Arbeitswoche auf interessante Themen, Anliegen und Bedürfnisse von Menschen stoße. Ich begann, diese Themen zu verarbeiten und mit meiner querdenkerischen Art zu würzen. Entstanden ist The-Weekly-Empowerment. Ein Innovationsletter mit einzigartiger Erfolgsgeschichte.

Seit 1999 haben Tausende von berufstätigen Menschen diese Freitagspost von mir abonniert. Wenn Ihnen mein Buch gefallen hat, dann wird Ihnen auch The-Weekly-Empowerment gefallen.

Profitieren Sie von kostenlosem Wissen mit Wirkung. Jeden Freitagnachmittag. Pünktlich wie eine Schweizer Uhr. Melden Sie sich heute noch an: www.nzp.ch.

Stichwortverzeichnis

Erfolg ist kein Zufall –
The Colours of Business

978-3-636-01532-7
€ 9,90 (D)/sFr 18,30*/
€ 10,20 (A)

978-3-636-01537-2
€ 9,90 (D)/sFr 18,30*/
€ 10,20 (A)

978-3-636-01535-8
€ 9,90 (D)/sFr 18,30*/
€ 10,20 (A)

978-3-636-01536-5
€ 9,90 (D)/sFr 18,30*/
€ 10,20 (A)

* unverbindliche Preisempfehlung

Erfolg ist kein Zufall –
The Colours of Business

978-3-636-01347-7
€ 12,90 (D)/sFr 23,50*/
€ 13,30 (A)

978-3-636-01346-0
€ 9,90 (D)/sFr 18,30*/
€ 10,20 (A)

978-3-636-01339-2
€ 9,90 (D)/sFr 18,30*/
€ 10,20 (A)

978-3-636-01352-1
€ 9,90 (D)/sFr 18,30*/
€ 10,20 (A)

* unverbindliche Preisempfehlung

Erfolg ist kein Zufall –
The Colours of Business

978-3-636-01401-6
€ 9,90 (D)/sFr 18,30*/
€ 10,20 (A)

978-3-636-01402-3
€ 9,90 (D)/sFr 18,30*/
€ 10,20 (A)

978-3-636-01349-1
€ 12,90 (D)/sFr 23,50*/
€ 13,30 (A)

978-3-636-01291-3
€ 9,90 (D)/sFr 18,30*/
€ 10,20 (A)

* unverbindliche Preisempfehlung